智元微库
OPEN MIND

成长也是一种美好

忘忧十二夜

存在主义团体小组的故事

李仑 著

人民邮电出版社

北京

图书在版编目（ＣＩＰ）数据

忘忧十二夜 ： 存在主义团体小组的故事 / 李仑著
. -- 北京 ： 人民邮电出版社，2022.1
ISBN 978-7-115-57855-6

Ⅰ．①忘… Ⅱ．①李… Ⅲ．①应用心理学 Ⅳ.
①B849

中国版本图书馆CIP数据核字(2021)第237023号

◆ 著 李 仑
责任编辑 张渝涓
责任印制 周昇亮
◆人民邮电出版社出版发行　　北京市丰台区成寿寺路 11 号
邮编 100164　电子邮件 315@ptpress.com.cn
网址 https://www.ptpress.com.cn
天津千鹤文化传播有限公司印刷
◆开本：880×1230　1/32
印张：8　　　　　　　　2022 年 1 月第 1 版
字数：180 千字　　　　　2025 年 9 月天津第 5 次印刷

定 价：68.00 元
读者服务热线：（010）67630125　印装质量热线：（010）81055316
反盗版热线：（010）81055315

　　我是李仑，一位心理咨询师、团体咨询师，最近十几年一直致力于为各式各样的团体和组织提供咨询与顾问服务，其中包括小型团体的工作坊、中大型团体的工作坊、不同行业职业的特色团体、不同人群的团体等；团体咨询工作时间累计约 4 万小时，个体咨询工作时间累计约 1.5 万小时。我从中积累了一些经验，也享受了这项工作带来的乐趣——帮助了他人，也锻炼了自己。

　　很多人在人生某个阶段寻求心理服务时，首先想到的是找一个咨询师，也就是采用一对一的咨询形式。这自然是非常好的形式，可是实际上很多人的问题其实更适合采用团体咨询的形式，尤其是在提升人际关系中的觉察能力、提升亲密关系质量、发展个人在组织中的领导力等议题中，在投入的金钱与精力相同的情况下，团体咨询的产出往往高于个体咨询。

　　心理咨询工作的本质是为他人提供一种具有修复性、成长性体验的服务，心理咨询师本质上也是服务人员，因此我总是在考虑如何让来访者付出更少的时间和金钱，获得更深入的变化。我认为团体咨询这种形式满足了以上要求，有些例子可以说明这一点。

很多人在人际关系（社交）中，总是很难把握自己在他人心里的重要程度，太重要了怕被责任捆绑，太次要了又有一种疏离感，"温度高了怕烫着，温度低了怕僵了"。

很多人在亲密关系（婚恋、亲子）中，随着关系的持久深入而愈发没有安全感，依赖别人怕受伤，依赖自己怕失败，"亲密来了渴望孤独，孤独来了又渴望亲密"。

很多人在社会角色（职场）中发展自身的影响力和领导力时，总是拿捏不准力道，劲大了就会有种牺牲者的感觉，劲小了又会有种失败者的感觉。

以上这些议题，人们在一个团体中所能获得的成长契机比在个体咨询中获得的更多、更深刻，产生的改变也更加持久和稳定。

无论你有怎样的成长背景，无论你在这个社会中扮演什么角色，无论你有怎样的雄心和目标、理想和情怀，上述三个主题都是你终其一生要面对的。如果你不想孤立无援地面对这些问题，我邀请你来到这样一个空间，这里有八个有着和你一样的困惑与痛楚的团体成员，他们是来自不同家庭的孩子、父母，他们是这个社会中形形色色的人，他们和你有一个共同点——无论生活带来了什么，都仍然选择热爱它，仍然相信自己会遇到一个改变的契机，自己的世界会因为和一群人的相知相遇而发生化学变化，离心中的某个彼岸越来越近。

任何领域发展到某种程度都会充满哲学的深刻与艺术的美感，这个团体也是如此。团体里的成员就像各种独一无二的乐器，他们在个体与集体编织的潜意识乐谱中舒展身心，尤其是在带领者为他们服务的进程中谱写了命运与关系的新篇章。过程中既有"何为存在""如何存在"这类深刻的主题，也有不枉关系、不虚此生的互动美感。

这个团体由八个人组成，在接下来的文字中，我用讲故事的方式跟你分享这八个人如何在一个团体里互动、他们之间如何发生了物理反应及化学变化。也许你会看到，那些人与人之间真正自由的表达是如何发生的，这些自由的声音又是如何彼此交织的，其中包含人与人之间的关系是如何建立及发展的、每一个人的内在与外在是如何共振的，以及每一个人的过去是如何限制他当下的发展并且活现在这个团体里的。那些爱恨情仇，那些智慧与慈悲，那些破茧而出的阵痛，无时无刻不在这样的圆圈里呈现。你需要做的是，进入这样一个空间、一方关系的矩阵、一段凝缩的时光、一场人性的共舞，随着他们一起体验、感受与学习，并观察自己的变化。

如果你将成为未来的团体带领者，我也希望你可以观摩我是如何带领这个团体的，看一看一个根植于本土文化的体验性、成长性团体和你的想象有哪些叠合与不同。

无论你拥有怎样的目标，在我看来，进入这样一本书都可以给自己的灵魂补充营养，因为我们已经体验太多灵魂营养不良所带来的无助、迷惘和挫折。

但是，其实这个故事对读者还是有一点要求的：

首先，需要你对人感兴趣，对关系和这个世界感兴趣；

其次，需要你对文字语言有一定的理解能力，对隐喻和象征有一定的理解能力，至少你曾经想过解析自己的梦；

最后，需要你有能力观察和命名自我的情绪。

如果你具备以上能力，我深信，这个故事会带给你更多宝贝。

总结一下，关于人际关系、亲密关系、社会角色这三个重点，未来咱们一起去冒险。

目录

入组访谈

在团体开始之前，带领者要对每位成员进行大概 20 分钟的一对一的入组访谈，目标有三：第一，跟每一位组员建立关系，获得最基本的信任，以形成最基本的工作联盟；第二，评估每一位成员是否可以入组，团体虽好，但并不是人人都适合加入；第三，了解每位成员的目标并形成工作假设。

先分享前四位成员的访谈内容，四个人采用了化名，分别是蓝妈妈（L）、韩教育（H）、曹人类（C）、高热忱（G）。

第一位

第一个参加私密访谈的成员是一位姓蓝的中年女性，简称 L，她在走进咨询室后非常焦急地坐在咨询师对面。

带领者：你好，我可以知道你的姓名吗？你的年龄方便说吗？

L：我叫蓝某，今年 44 岁。

（这是带领者在访谈开始时要了解的基本信息。）

带领者：欢迎你来参加这样一个访谈，我首先要跟你分享的是，这个访谈也叫保密谈话，谈话内容的知情者仅限我们。

在这个过程中，作为团体的带领者，我会问你一些问题。我对你了解得越多，就越容易在团体中协助你达到你的目标。在提问的过程中，如果有的问题你不愿意回答，可以直接拒绝我，当然，你也可以问我问题。

（团体带领者在访谈一开始时就要让被访谈的成员知道自己的权利，他可以拒绝回答问题，也可以问问题，带领者和被访谈者在访谈中是完全平等的。）

带领者：请问你是如何知道这里会开始组织一个团体的？你来这个团体想要得到什么？想要获得哪些方面的改变？

L：您好，我是一个单位的职员，是搞技术的，是一个工程师。我是听朋友介绍你这个团体的，因为前一段时间我经常找这个朋友倾诉，次数多了，她有点受不了了，就说"不行你就去参加李仑带领的团体吧"。她过去参加过您带领的团体，她说这种团体是改善亲密关系的，不是一个心理有病的人的团体。我是听了她的介绍才慕名而来的。

（这一点也非常重要，带领者首先要了解团体成员是从哪些渠道了解你的信息并加入这个团体的，这个过程本身就呈现了大量的信息，比如有一次带领者问一个成员："你是怎么知道我的这个团体的，你是怎么来的？"这个成员回答说："我是坐地铁来的。"这就是一个面临定位困难、无法道清关系来源的团体成员。对于这种成员，带领者可能就要了解得更细致一些。L把这一过程交代得很清楚，说明她在这段关

系里的定位和轨迹感很好。）

L：李老师，我这段时间非常心烦，我有一个15岁、正在读初三的儿子，去年，也就是他在初二下学期时，不知道发生了什么，一夜之间从一个很乖的孩子变成了一个特别逆反的孩子，我说东他就说西，我说西他就说东，我说东西，他就说中，我感觉一夜之间，和儿子在一起时说什么都不对了。最重要的是，李老师，我好好地想了一下，我没有什么得罪他的地方。

我到学校去了解他的情况，看他是不是跟同学打架，或者跟老师关系不好，也没有发现线索。我想了很多办法去跟孩子沟通，请他吃麦当劳，请他看电影，请他去迪士尼，我就想跟他改善关系，后来发现他把我的糖衣吃了，把炮弹打回来了。我做了很多事情，他都照单享受，但是我跟他的关系一点都没改善。

其实，这个年龄的孩子逆反一点、讨厌一点，我还能接受，最重要的是，他成绩下滑得太厉害了，我感觉我的儿子现在有点厌学了，有不想上学的感觉，他还那么小，正是学习知识打基础的时候。其实初二是学新的知识冲刺的一年，初三就开始复习了，所以他初二就厌学了，对学习没有兴趣了。你说怎么办呢？他能不能考上一个好大学啊？考不上一个好大学，就不能进入一个好单位，他进不了一个好单位，怎么能找到一个好媳妇呢？现在男女比例那么不平衡，他一不学习，我脑子里就会产生一连串的联想，我真受不了。李老师，我告诉你，做父母真是太不容易了。

（然后L就一直在访谈中讲述孩子一系列让她感觉难受的变化……）

带领者：你讲的这些情况真的非常重要，我能体会父母的用心良苦，另外，我也想问问你，你儿子的这种情况给你带来了什么，也就是带给你什么样的变化呢？

L：哎呀，别提了。不怕你笑话，我最近一直月经不调，有时一个月来两次，有时三个月来一次，我就非常害怕，怀疑自己是不是得了什么癌症。我就到医院检查，因为我们单位有体检，大夫跟我说，我这个像更年期综合征，我刚40岁出头就更年期了吗？这事好奇怪啊！我的闺密都说我是中年危机，这听起来还挺流行的。但是我自己都不知道我的身体发生了什么。哎呀！我只是做妈妈做得很沮丧，做女人也做得非常难受，不知道发生了什么，怎么会这样呢？李老师，你能不能告诉我发生了什么？

带领者：我现在对你刚才讲的这些烦恼、这些事情，有了一个大概的了解和感觉，但是我想对另外一个方面了解得更详细一些，我想了解一下孩子的爸爸，也就是你和孩子爸爸之间是怎么互动的。你的家庭有三个成员，爸爸、妈妈和孩子，你怎么只介绍了你和孩子呢？我想了解一下你的丈夫。

L：孩子厌学、对学习没有兴趣后，我就跟我老公开了好几次会，是背着孩子开的。我一再跟老公说，你要重视孩子的教育，你要配合我，咱们两口子，一个扮白脸，一个扮红脸，软硬兼施，让孩子重新对学习产生兴趣、重新愿意学习、重新对学业负责。可是我的这个老公啊，李老师，我不怕你笑话，他是一所大学里的系主任、酸秀才，手无缚鸡之力，说话文绉绉的，给人的感觉就是"三棍子打不出一个屁来"，当年跟他谈恋爱时，我还挺迷恋他的才华。开始教育孩子后，我突然发觉，自己对他在教育孩子方面的表现特别窝火，更重要的是，他还经常跟我说，孩子有自己的天性，让他自己去发展。他经常指责我，说我是圈养，孩子应该放养。我跟老公在教育孩子的观念上就是有矛盾的。我这次来参加这个团体，本来想让他跟我一起来，可是朋友说，夫妻不能一块来，所以我就自己来了，我决定在你的团体里学一点办法，回去治治我的老公。

带领者：你要在这个团体里学一点办法，用来对付你的丈夫，这是你来团体的一个目标吗？

L：李老师，我刚才有点说笑了，我还是想解决孩子不学习的问题。

带领者：我明白了，所以，你来这个团体最重要的目标就是恢复孩子学习的兴趣，是吗？

L：对对对，是的！

带领者：首先我非常感谢你的坦诚和信任，把心里话讲出来，知道你的心里话之后，作为这个团体的负责人，我非常愿意都助你。然而，你刚才所述的内容中有一点让我有点好奇，你希望你的孩子恢复学习兴趣，应该让你的孩子来啊，这是他的事情，你来是不是有点奇怪？

L：李老师，我也觉得其实我在我孩子面前没有什么影响力，这个团体是不是能让我这个当妈妈的有点改变，是不是我有点改变之后，我和我孩子之间的关系就能恢复一些，或者我就能壮大自己的影响力，我的孩子就能更听话？这是我的想法。

带领者：哦！非常感谢你的澄清，听起来你把一部分你要孩子承担的东西放回了自己身上，可以这么理解吗？

L：是这样的，李老师！

带领者：那这样，这里有一份关于团体的协议，具体内容写得非常清楚，包括时间、收费、保密条款、风险方面的约束，包括自伤、自杀等一些危险的处理办法，责任都要自担。看一下这个协议，如果你觉得没问题，可以签署一下，然后交到前台，下周你就可以开始参与这个团体，非常感谢你的参与。非常感谢你对我和我们团体的信任。

（L在仔细看了这份协议后签署了协议，交到前台。）

小结

这是此次访谈的首位成员，她的化名是蓝妈妈。

第二位

第二位团体成员姓韩，简称 H，女性，26 岁，她走进了我的咨询室。

带领者：你好，我可以知道你的大名吗？

H：我叫韩某。

（带领者向 H 介绍了团体的保密设置。）

带领者：你来到这个团体有什么期待吗？在未来的团体里你想学到什么？想体验什么？想改变什么？

（H 四下看了看，确定周围没有人……）

H：李老师，是这么一个情况，我大学毕业以后考上了教师编制，我觉得这个工作挺稳定，就考虑恋爱的事情，就在同学聚会上认识了一个男的。但是我跟他不是同学关系，他是我同学的朋友，后来我们确定了恋爱关系。我心里还是比较喜欢这个男朋友的。李老师，你没有见过他，他特别魁梧，也特别帅，很阳光，待人接物、为人处世非常得体，性格好，比较开朗，比较活泼，很能给人安全感，也很有责任心，我周围的一些小姐妹都特别羡慕我，都说我未来的生活会越来越好。我自己也觉得挺好，从某种角度上来说，从女性的角度、从方方面面看，这都是一个值得嫁的人。之前都挺顺利，可是最近一段时间，双方父母见了三次面，开始谈论嫁妆、准备确定订婚日期，在订婚日期越来越近时，我晚上就开始睡不着觉了，不知道是开心得睡不着还是害怕得睡不着，找不到词准确描述我的感受。开始时失眠还不严重，我躺在床上折腾半小时基本上就睡着了。其实我的生活是很规律的，没有不良嗜好，不抽烟、不喝酒、不去夜店，我的生活没有任何改变，所以我就在想是不是订婚这件事导致我的失眠。而且不光失眠，好不容易睡着后，我还容易做梦，同样的梦反复做、反复做，我能不能在这里说一下我的这些梦啊？

带领者：你来决定。

H：我梦见自己走在一片没有人的荒郊野地，不知道从哪里出发、要到哪里去。在梦里，我感觉自己很饿，穿着破衣服，一个人在荒郊野地里走，非常害怕，所以在梦里我很想寻求帮助，在梦里就喊，喊着喊着就把自己给喊醒了。然后我就隐隐约约觉得我心理上有问题。于是我就上网搜了一下。如果有心理问题要找咨询师，一对一的那种咨询我其实挺害怕的，所以我就想参加团体，看一下，和团体里一群人在一起聊聊，我是不是会好一点。

带领者：那后来关于订婚，还发生了什么？

H：有一些变化，后来我就找了一些借口，比如单位加班、要参加培训什么的，把订婚日期延后了。

带领者：你自己怎么理解你的感受和出现的这些现象？

H：我搜索过，我觉得自己特别像得了焦虑症，但是我没有去任何医院看过，就是自己给自己这样一个判断。还有一点，李老师，我想跟你说，我理智上知道这个男人是对的人，我嫁给他可以开始新的生活篇章，但是夜深人静时，理智不那么强大时，我其实感觉我对结婚这件事有一些其他的想法和感觉，我能不能在这里说一下？

（带领者阻拦了她。）

带领者：不着急，在团体里有大量的时间来表达与呈现，我想跟你说的是，这个访谈的目的是了解你的一些基本信息，我理解你很信任我，很想把更具体的信息告诉我，毕竟时间有限，但坦率地说，这个访谈还没有进入咨询、治疗阶段，未来当你进入团体之后，你在团体里要向我和大家说什么、什么时候说、说到什么程度，都由你自己决定。

H：好的，我知道了，谢谢你！李老师！

带领者：请你看一下这份协议，如果没有问题，就可以签署了，下周团体就开始了。

H：好的。

小结

这是我访谈的第二位团体成员——26 岁的 H，一个理智上知道自己要走入婚姻，但是有一些不可名状的东西让她无法迎接自己的订婚或婚礼，她的化名是韩教育。

第三位

第三位团体成员姓曹，简称 C，男性，38 岁。

带领者：我可以知道你的名字吗？

C：你好，李老师！我叫曹某。

带领者：你的年龄方便说吗？

C：我今年 38 岁。

带领者：你参加团体想得到什么？有什么目标吗？

C：李老师，我在大学历史系教书，我在教授历史的过程中发现自己对西周、春秋战国时期的历史特别感兴趣，因为那个时候东方有了孔子，西方有了亚里士多德、柏拉图。东西方的很多伟人、那些在地球上流芳千古的人，出现的年代非常相似。所以我就在想人类的这个部落、群体，这个组织，真是匪夷所思，有很多奇妙的规律啊！我对这些人类的智慧和演变都非常感兴趣，这使我在教授历史时也能凭借史实和一些浪漫主义的想象，比如当年兵戎相见、春秋无义战、孔子的周游列国、老子的无为……我都可以通过幻想来满足自己想体验这段历史的愿望。后来跟我们学校的一些和我关系挺好的心理学老师私下聊天时，他们就会向我介绍心理学的工作、形式、方法等。然后我才知道，心理咨询还有团体，我也看过我的同事带领过大学生团体，一看把我乐坏了，这不就是人类组织吗？有些成员还会争吵和流泪，团体里还会做一些游戏、智慧的探索，我就发现这特别有意思。我毕竟是外行，但是我有兴趣，我想了解，我就打听到李老师带的人际关系、亲密关系团体，所以我想向您学习。这个团体是怎么发展的，人在团体中是怎么变化的，这个人的变化和团体的变化中间有什么函数关系吗，这个团体的人是怎样凝聚在一起的，那些压根不认识的人是怎么成了一个团体的。我非常好奇！李老师，我不妨坦白地说，我之所以想参加你带领的团体，就是想看一看团体是不是那种浓缩的小社会、小家庭，然后我想通过观察团体，为我在未来把历史教得更好、更鲜活提供第一手资料。李老师，我坦白地说，我很喜欢我现在的工作，与一些血气方刚的大学生在一起谈古论今，古老的沧桑和当下的活力融合在一起，天底下没有比这个更妙的事了，我很享受现在的角色，所以就慕名而来了，不知道我说的这些怎么样，李老师！

带领者：听起来是一个非常重要的愿望和体验，你希望参加这个团体以丰富你工作的乐趣、工作的成就等，可以这么理解吗？

C：是的，是的。

带领者：请你看一下团体的协议，如果你觉得没有问题，就签一下，下周这个团体就开始了。

（C把团体协议看了一遍，非常正式地签了字，访谈就此结束。）

这是访谈中的第一位男性成员，化名是曹人类。

第四位

第四位团体成员姓高，女性，简称G。

带领者：你好，可以知道你的名字吗？

G：你好，李老师！我叫高某！

带领者：你的年龄方便说吗？

G：我今年35岁。

带领者：你来这个团体想得到什么，想体验什么，想学到什么？你可以谈谈吗？

（之前已介绍过保密设置。）

G：李老师，我前几年拿到了心理咨询师二级证书，但我现在还没有做心理咨询。我本科学的是社会工作，现在在街道办事处当二把手，学习心理咨询对我所在社区的一些临时调解和管理工作大有帮助，所以我在想，什么工作可以干一辈子呢？什么工作可以一辈子发光发热呢？除了社区工作就是心理咨询工作了。我特别喜欢帮助别人，特别喜欢"赠人玫瑰，手有余香"的愉悦感。后来我就打听拿到心理咨询师证以后要怎样做才能真正有能力做心理咨询。后来我就了解到，拿到证以后还需要做个人分析，要作为一位来访者被分析，在咨询别人时才知道被别人咨询时的心路历程，这是我需要知道的。

我就做了几次一对一的心理分析，不知道怎么回事，我觉得不过瘾！我就觉得老师跟我谈的东西不解渴，我开始分析我自己。也许是因为我在社区工作，社区工作永远是针对家庭的，所以觉得一对一的工作不过瘾。所以我想知道，在群体中，如何被分析、成长，后来我打听到团体可以实现这一点。我身边的一些很早就拿到咨询师证的人、老同事就说李老师的团体不错，我就慕名而来了。我来这个团体有一个目标，就是让自己在这个团体里成长，先让自己成为一个称职、胜任的咨询师，然后变成一个优秀、卓越的咨询师。我不知道我的想法对不对，我做了这么多年的社区工作，怎么跟什么样的人说话，怎么跟他打交道，怎么顺着毛捋，这些我都非常擅长。学心理学也是在学人和人如何打交道，在团体学如何将心理咨询和社区工作融合在一起，融会贯通，你说我这个想法对不对？

带领者：其实我也不知道对不对，因为从社区工作这个角度来讲，你是行家里手，我对此懂得不太多，还没有办法给你一个准确的回应，但有一点很重要，你已经发现了你身上的宝贵之处，你打算用这些宝贵之处支持你的心理咨询，这样的认识是非常宝贵的。

我想跟你确认一下你参加这个团体的目标，是不是在这个团体里训练自己、发展自己，成为一名优秀的咨询师？是这样吗？

G：对对对！是这样的，李老师！

带领者：好，我清楚了，感谢你如此真诚的表达，然后你看一下这个团体的协议，如果没有问题，把这个协议签了，下周这个团体就开始了。

（G看完之后，就签署了这个协议。）

小结

这是35岁的G的访谈。她的化名是高热忱。

以上就是入组访谈的前半部分，不知道你对这四个人呈现的信息有怎样的理解和思考。阅读他们的表达时你体验到了什么？你喜欢谁？对谁没有感觉？这些感觉使你联想到了生活中的谁呢？如果是你来做这个时间有限的访谈，你会再问哪些问题？如果你愿意，甚至可以预测一下这四个人进入团体后会怎样和别人说话、会发生什么。

目标依旧，形式依旧，接下来看后四位成员的入组访谈。后面四位成员的化名分别是权灵感（Q）、董英才（D）、许不知（X）、张孤单（Z）。

第五位

第五位团体成员姓权，男性，简称 Q。

带领者：你好，可以知道你的名字吗？

Q：你好，我叫权某！

带领者：你的年龄方便说吗？

Q：25 岁。

带领者：你来这个团体想得到什么，想体验什么，想学到什么？你可以谈谈吗？

Q：我和几个朋友做了一个自媒体项目，我具体负责文字编辑的部分，有时也要跟进公众号文章下面的留言回复。我就发现有些留言我特别喜欢，有些留言我看着就很心烦，我有时回一个"优秀"，有时就会怼别人。刚开始时分寸把握得倒还好，最近几个月我觉得自己越来越容易冲动，本来做文字编辑是需要一些耐心的，看稿改稿，跟作者反复沟通，还要有耐心地挑选能给原文加分的留言并逐一回复，可是我现在经常容易烦躁，坐不住。对女朋友也是，越来越觉得腻歪，总觉得对方不理解自己，我意识到自己可能需要调整一下心态。然后我看到这个团体的招募信息，仔细阅读了一下内容，觉得其中提到的可以改善关系、调节情绪的部分对我挺有吸引力，我就报名了。

带领者：可以多谈一点你的亲密关系吗？比如，对你而言，谁是生命中比较重要的人？

Q：我想想……我妈、我爸，还有我现在的女朋友。

带领者：他们在你心里都是什么样的人呢？

Q：我妈就是有点唠叨，其他的都好；我爸比较沉闷，不怎么爱说话，喜欢喝点酒；我和女朋友交往快两年了，她挺活泼开朗的，就是有时候有点黏人。

带领者：在生活中，你是如何与他们建立并且维系这份亲密关系的呢？

Q：我现在还跟他们住在一起，平时也谈不上刻意维系关系，就是逢年过节给他们买礼物，节假日和他们一起出去玩，记得他们的生日，还真没故意做什么。我和我的女朋友是玩游戏认识的，因为共同的兴趣走到一起，后面就这样自然相处，也没想怎么着，边走边看吧。

带领者：嗯，谢谢你的分享。如果可以的话，请你看一下这份入组协议，其中也包括保密的部分，没问题的话请你签署这份协议，下周就可以在团体里见面了。

Q：就这些吗？李老师你不给我些建议吗？

带领者：因为咱们马上开始的是一个体验性的团体，所以我也许不会给组员更多的建议，而是和组员们一起来创造一种体验的氛围和机会，我们所有的目标都是在这个过程中完成的。我知道这么说有点抽象，但我相信团体开始之后你会对我刚才说的话有形象的感受，你觉得可以吗？

Q：那好吧，再见。

这是 25 岁的 Q 的访谈，他的化名是权灵感。

第六位

第六位团体成员姓董，40 岁，女性，企业培训主管、高管教练，简称 D。

带领者：我们有 15 分钟左右的时间来开展这个入组访谈，你想跟我聊点什么吗？

D：你好，我在企业里面负责培训的组织和管理工作，这么多年来联系参与了很多企业内训的课程，从财富管理到养生理念，从沟通技巧到国学，反正林林总总学了很多。大多数课还是挺不错的，不过上课的形式大多是讲授式的，只有极少数的课附带体验。可我总是觉得深度不够，这几年培训的质量和效果没有明显提升。然后我看到了这个团体的招募，我之前在电影电视上看过这种体验性的团体，我就琢磨能否来学习一下，借鉴一下这种体验性比较多的形式，看看能否把这个形式引进我们企业，也算美事一桩。另外，我也想看看李老师是怎么带领这样的团体的，如果以后您愿意，我也想请您到我们企业给员工、中层讲课。大概就是这样一个情况。

带领者：不知道您个人对于将要开始的团体有什么样的个人需求？我指的是职业角色之外的需求。

D：我个人，暂时也没想到什么需求，能把工作干好就已经很不容易了。

带领者：我能否问你几个问题，跟你的生活有关的？

D：没事，您问吧。

带领者：我想了解一下，你在心里感觉不舒服时会做些什么？

D：哦，我工作压力比较大、心里有点闷时就会看书，主要是看历史方面的书，《万历十五年》《史记》这一类的，因为看看历史，人的格局就大些，心里就没有那么不舒服了。

带领者：那开心时，你又会做些什么呢？

D：也是看书，开心时多半是工作挺顺利的，都顺利时我就会看点专业方面的书，因为我是管理者教练嘛，就想着再让理论知识扎实一点，未雨绸缪！

带领者：明白了，谢谢你，如果可以的话咱们就谈到这里。这里有一份入组协议，可以的话请你签署。

D：好的，我看看。没问题，我可以签。

带领者：那么，下周见。

D：谢谢，下周见。

这是 40 岁的 D 的访谈，她的化名是董英才。

第七位

第七位团体成员姓许，男性，22 岁，街舞老师，简称 X。

带领者：你好，如何称呼你？

X：你好，李老师，我姓许，我有个外号，不知道能不能说？

带领者：你决定吧。

X：那我就说了啊！我的几个好哥们给我起了个外号叫许大官人，哈哈。

带领者：可以多说点吗，我其实没太明白。

X：可能是我那几个哥们觉得我有点花心吧，换女朋友有点勤，嘿嘿。

带领者：那你自己觉得呢？

X：我觉得还好吧，半年换一个算勤吗？

带领者：关于这一点，我也不是很清楚具体的标准和参数。是什么把你带到这里来的呢？

X：哦，我妈叫我来的，她说有个团体挺不错的，就让我来了，我妈之前参加过你带的另外一个团体。

带领者：那你的母亲是如何向你描述团体的呢？

X：她也没说太多，说有什么保密原则，只能说自己的体验，不能说别人的隐私。她当时好像是说团体可以让人更成熟。

带领者：你是如何感觉你妈妈说的这些话的呢？我总是问你问题，你觉得还好吗？

X：没事，你问吧。我觉得我妈可能觉得我有点不成熟，我是个街舞老师，我妈总说我干这个不务正业。

带领者：那你自己觉得呢？

X：我很喜欢现在的工作，虽然有时候收入不太稳定。

带领者：在你的想象里，如果一群人有男有女、各个年龄段都有，8个人，坐成一个圆，他们之间会发生什么呢？

X：我觉得可能就会打起来吧，哈哈。

带领者：然后呢？

X：然后我就不知道了。

带领者：嗯，如果现在你面前有一台电视机，里面播放的是你参加团体之后会变成的样子，那会是一个什么样的人呢？

X：我不知道。

带领者：谢谢你一直很认真地思考和回答我的问题，我感到了你对对话的尊重，这里有一份入组的协议，请你看一下，可以的话请签署你的大名。

X：好的。

小结

这是 22 岁的 X 的访谈，他的化名是许不知。

第八位

第八位团体成员姓张，性别女，30 岁，全职太太兼钢琴老师，简称 Z。

带领者：你好，可以介绍一下自己吗？

Z：你好，李老师，我姓张，现在主要是当全职妈妈。我有两个孩子，在家里照顾他们就很辛苦了，就没出去工作，不过我会弹钢琴，所以闷的时候也会接一些小孩子的钢琴启蒙课，目前就是这么一个情况。

带领者：全职妈妈这个角色有什么体验吗？可以分享吗？

Z：跟其他妈妈也差不多吧，就是接送孩子，给孩子做饭，因为我有两个姑娘，年龄差 3 岁，所以有时还要协调姐姐妹妹的关系。也说不上有什么大事，就是每天闲不下来，不知道时间都去哪儿了。

带领者：听起来既有琐碎又有辛劳。

Z：还行吧。我有一个问题，就是我总是觉得老二哪儿哪儿都好，我总是不太喜欢老大。刚开始时我还以为是因为妹妹小，所以偏爱一些，不过最近我发现，如果她俩一起闯了祸，比如把家里地毯弄脏了，我会把所有的问题都归在老大身上，认为妹妹没有任何错误，很多次都是这样。我其实心里对老大有点内疚，可就是改不了，不知道这是怎么了。

带领者：听起来你把两种截然相反的力量分别放在了两个孩子身上，那你跟孩子之间呢？可以描绘得具体点吗？

Z：我跟孩子之间大多数时候都还行，她们还是挺听话的，可是因为我刚才说的那个状态，就是我个人的状态，老大现在变得越来越沉默寡言，老二越来越活泼。我就反思，是不是我的教育出问题了。

带领者：当下，我也在和你一起思考和感受这个部分，如果我们暂时从这种焦虑和困惑里跳出来，谈一谈未来的团体，你觉得可以吗？

Z：可以，您说吧。

带领者：如果把你刚才的困惑和即将开始的团体做一个联系，你打算如何在其中帮助你自己？

Z：我想团体里肯定还有别的女性吧，也会有当妈的吧，那我可以取取经。还有，因为我是全职妈妈，即使在社会上也是教小孩子弹琴，所以我其实跟社会都没有什么接触，我觉得自己变傻了。人家都说"一孕傻三年"，我觉得自己都傻了好多年了。团体里的人互相不认识，又没有什么利益关系，能一起探讨，我也算是跟社会有个接口。

带领者：明白了，那就谈到这里，这次谈话后你心里继续发生的任何体验都可以放到团体里分享，只要你愿意，你看可以吗？

Z：我试试吧。

带领者：那接下来请你看一下这份入组协议，可以的话请签署，下周我们就可以在团体里见面了。

Z：好的，谢谢。

小结

这是 30 岁的 Z 的访谈，她的化名是张孤单。

以上就是入组访谈的后半部分，不知道你对这四个人呈现的信息有怎样的理解和思考。阅读他们的表达时你体验到了什么？你喜欢谁？对谁没有感觉？这些感觉使你联想到了生活中的谁呢？如果是你来做这个时间有限的访谈，你会再问哪些问题？如果你愿意，甚至可以预测一下这四个人进入团体后会怎样和别人说话、会发生什么。

第一轮

混沌开不开，焦虑说了算

这个团体治疗的时间是每周三晚上的 7:30—9:00。

团体按时长一般分为两种：60 分钟一轮的团体和 90 分钟一轮的团体。60 分钟团体更多被用于有固定主题的训练型团体，包括一些特殊的主题团体，有结构、有主题、有流程，或者一些团体成员耐受团体张力的能力有限的团体。

90 分钟团体是为了完成各种各样更有难度的目标而设定的，也叫作无结构、无主题的团体，其中每位成员甚至带领者都不知道下一步会发生什么。所以，这种团体所探索的深度、广度，以及不确定带来的关系张力要远远大于 60 分钟团体。所以 90 分钟团体治疗的效果比 60 分钟团体更好，当然，这也对带领者和团体成员提出了更高的挑战。在做私密访谈时已经完成了双向的评估，包括签署入组协议等，成员愿意把时间、精力交给这个团体，带领者也允许他们进入这个团体，成为团体的一部分，双向选择过程和基本契约确定就已经完成。

我对这个团体的 8 个成员进行访谈时，没有发现其中有精神障碍的患者，也没有发现有成员有比较严重的人格障碍，所以这 8 个成员基本属于神经症范畴，比如，他们定位很清楚，可以基本描述自己内在世界的关系，并不紊乱，也了解带领者和其之间要构建的关系，其内在世界和外在世界的界限是有基本的弹性的，这两个世界之间也有基本的边界。这意味着他们既能探索外界，又能把探索外部世界得到的一些信息返回内部，用以内省、反思、领悟与改变。因为他们都具备这些基本功能，所以他们都是可以进入团体的。

团体咨询师为心理服务机构的专职咨询师，该机构工作场地在写字楼里，有几个房子，其中设有一个专门的团体咨询室，面积一般是 25~30 平方米，如果房间太大，就会稀释团体成员讲话的力量；如果房间太小，团体成员在中间就会有压迫感，很难维持彼此的界限，所以 25~30 平方米正合适。

大家还记得他们的背景和入组目标吗？

蓝妈妈的入组目标是调整自己以更好地跟所谓逆反的孩子交流。

韩教育的入组目标是解决对进入婚姻困难的疑惑。

曹人类的入组目标是了解人类组织发展的轨迹和规律。

高热忱的入组目标是成为一名优秀的心理咨询师。

权灵感的入组目标是改善关系，提高管理情绪的能力。

董英才的入组目标是学习借鉴团体形式丰富的工作内容。

许不知的入组目标是让自己变得更加成熟。

张孤单的入组目标是提高多子女教育能力。

（在差不多的时间，大家都来到了团体咨询室，把包、手机都妥善放好，时间到，大家陆续坐进这个圆圈。）

带领者：请大家尽量坐成一个圆圈，这样可以确保每个人都可以看到彼此。

（有的团体成员一开始会坐得像一个橄榄球，这样成员就无法完全看到彼此。第一轮座位很重要，而且在第一轮时，我作为带领者不会先坐进去，我会观察这个团体预留了怎样的位置给我，因为这个位置也是团体潜意识语言的一部分。而我说了"请大家尽量坐成一个圆圈"，因此成员开始积极调整自己的座位，同时环顾四周，确认其他成员能否看到彼此，这个过程花了十几秒。）

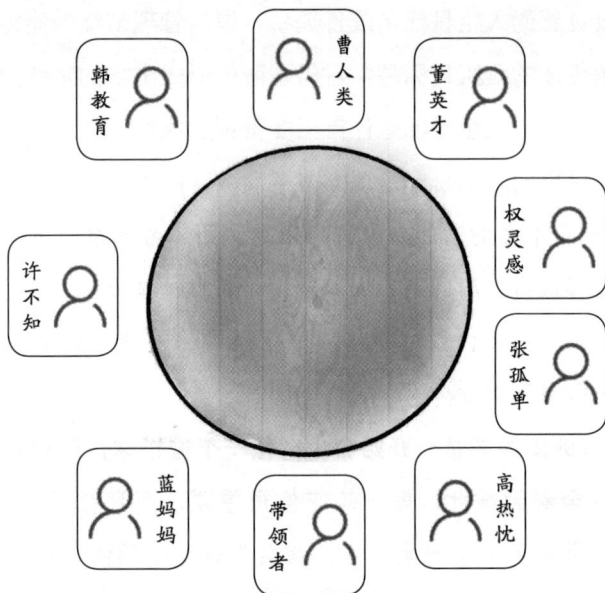

　　带领者：（用眼神对每个成员进行确认……）欢迎大家来到这个小组。在小组开始之前，我跟这里每一个人都有过一个私密访谈，我已经清楚大家来到这里的目标，然而在某些方面，还是需要大家达成共识，比如这个团体治疗一共 12 轮，一周一轮，持续两个多月的时间，每一轮的治疗时间是 90 分钟。为了确保每个成员在小组中实现自己的目标，我要宣布一下小组的规则。第一个规则是在团体治疗进行的过程中，成员间依靠语言交流，不进行肢体接触，确保这里的每一个人都有自己的空间；第二个规则是在团体治疗进行的过程中，请尽量不要离开自己的座位，确保这个小组是完整的。大家觉得可以吗？

　　保密协议里已经声明你们不能私下接触，保持纯粹的团体成员或伙伴关系，这个关系越纯粹，你们得到的越多。这个房间里发生的所有事情，只允许在这个房间里讨论，不允许带出这个房间。如果你在外面谈到了只言片语，希望你可以在小组中如实报告。团体治疗进行期间，微信联系、短信联系、见面都不允许，以确保我们之间的关系是平等的、纯粹的。成员们，我是不是有点啰唆？这是小组的两个重要基础，如果清楚了可以点一下头。

　　（带领者环顾一下小组成员，大家稍微思考了一下，都微微地点了一下头，当然，有的成员还有不懂或有点疑惑的地方，但是为了表达对带领者和团体的尊重，还是微微点了一下头。）

　　OK！现在是 7:30，到 9:00 结束。开始吧。

　　（宣布完规则之后，团体治疗正式开始。）

　　时间一秒一秒、一分一分地过去，小组里没有人讲话，所有人都在沉默，大概 15 分钟后，蓝妈妈首先发言。

　　蓝妈妈：一个半小时说长不长、说短不短，我想大家来到这儿都有想法吧？我看大家都没有说话，要不咱们轮流做个自我介绍，先认识一下吧。我先来，我姓蓝，国企员工，我来这里是因为我跟我家里一个上初三的儿子相处得不是很融洽，想来这里学习一下怎么跟逆反的孩子打交道，希望大家可以多多指教，先谢谢大家。

蓝妈妈说完之后把目光抛给了她左边的许不知，带着期待的眼神，好像希望他紧接着自己发言。许不知看了蓝妈妈一眼，又看了对面的张孤单和权灵感一眼，悠悠地说起来。

许不知：我姓许，来这里也没有什么具体的目标，是我妈让我来的，说让我来多听多学。

当许不知说"是我妈让我来的"这句话时，蓝妈妈眼睛微微一亮。然后许不知又把目光投向他左边的韩教育。

韩教育：我还没想好，要不下一个人先说吧。

韩教育一边说一边看向左边的曹人类。

曹人类：谢谢蓝大姐开了个头，我刚才还一直想，小组开始了，怎么这个带领者也不出来宣布个主题什么的让咱们讨论，然后白白浪费了 15 分钟时间。没人说话的那个气氛真是诡异，蓝大姐说了话以后我才觉得小组好像有了些人气儿。我姓曹，是大学老师，来这里主要是想观察和学习这样一个由人组成的小组会如何变化发展，想把自己脑子里的一些社会组织学的概念形象化一点。

曹人类说这些话时神气十足，活灵活现。说完，头便转向他左边的董英才，示意"下一个该她了"。

董英才：大家好，李老师好，我姓董，是企业内部的培训师，到这来是取经的，想看看这种形式能不能搬到企业里，顺便自己也体验一下。

董英才说完谁也没看，独自微笑着冲着带领者点头。

权灵感：是该我了吗？我说能不能别跟幼儿园小朋友似的，别排排队食果果、一个一个接着来，行吗？咱们自由点，谁想说就说，不想说就拉倒，我就不想按照顺序来说。

曹人类听完，马上对权灵感说："你看你不是也说了吗，你刚才不是也没插话吗？你这也属于按照顺序来说。"

权灵感看了曹人类一眼，做了个深呼吸，就没再搭腔。此时，高热忱说话了。

高热忱：一开始大家都不认识，总要有个人先说话吧，有人提议，按照顺序来介绍自己，我看挺好，要是谁不愿意顺着说，也尊重，咱们之间彼此不矛盾嘛。大家好，我姓高，在社区工作，也拿到了心理咨询师的证书，现在正学着做咨询，到这儿来就是想看看一群人如何互动，好好学学如何和别人进行高效互动。

许不知微笑着对高热忱说："您确实有在社区工作的味道。"

高热忱也回应着笑了笑，没再说话。

这时小组里面有一半人望向带领者，眼神里仿佛带着某种邀请的意味，好像在请带领者说话，还有一半的人望着张孤单这个到目前为止一直没有发言的人。

带领者环视一圈后，仍没有发言。这时张孤单的嘴唇微微颤了一下，仿佛欲言又止。

蓝妈妈这时说话了。

蓝妈妈：刚才真不好意思，我就想着咱们这个形式跟开会也差不多，就想第一个发言打破沉默，带动一下气氛，没想到有的人会感觉不舒服。我不是把大家当小孩啊，我可能是有点过于热情了。

高热忱看着蓝妈妈回应。

高热忱：蓝姐，我听您说您的孩子上初三，比我们家孩子大，叫您姐姐应该没问题。我说蓝姐您不必介意，一样米养百样人，龙生九子还各有不同呢，每个人想法不一样是很自然的事情，别往心里去。我觉得您第一个说话就挺好，至少不冷场了。

蓝妈妈：谢谢小高，听你说话就感觉挺轻松。

坐在带领者左右两边的蓝妈妈和高热忱随着对话将上半身向更靠近彼此的方向探了探，仿佛要把带领者挤出去。

这时小组的时间已经过去半个小时了。

以上就是第一轮上半轮的内容。

一个无结构小组启动时，带领者的必修课之一是宣布小组的设置，这个设置的核心是边界，时间边界——团体一共有多少轮，每轮分别在周几、几点开始几点结束；空间边界——团体开展的固定场所；身体边界——譬如身体不接触等；关系边界——重申组员私下不联系的原则及小组内容不外泄的原则等。这些边界的澄清与确立是为了使小组的空间能够独立于现实空间，让小组具备关系与情绪、象征与活现的过渡性空间的能力，为后续工作建立一个良好的工作平台和基础。

团体治疗正式开始之后，带领者尽量不为小组提供工作内容，而要观察和体会小组是以怎样的形式自发启动的。任何一个小组在启动时，其内隐的情绪都是焦虑，带领者要观察每一个成员如何体验和处理这些焦虑，每一个成员的焦虑水平处在怎样的程度，他又是以何种形式呈现这种焦虑的。带领者要开始在心里为每一个成员建立小组内动态的档案，当然这并不依靠理性记忆，带领者需要记住听每一个成员在说每一句话时自己的体验，使用体验和感受记录对方的话，这样才能记得更加深入和持久。

同时，带领者还要继续评估小组成员在入组访谈时的表现与小组第一轮启动时的发言所呈现的状态是否基本一致，以初步洞察组员在关系中的稳定性；观察小组成员在与带领者单独访谈的二元关系中的状态与进入小组这一多元关系的状态是否有基本的整合性，以此评估脱落风险等。

可以看到，这个小组启动的方式是有人主动为小组提供了一个结构——每个人轮流介绍自己。那么谁会体验到被控制呢？谁会体验到有依靠呢？谁会体验到被打扰呢？谁会体验到无意义呢？等等。组员此刻彼此之间的感受触角开始慢慢张开，他们有没有看见彼此、听到彼此？一部分在关系里的真实体验和来自过去经验的想象开始被唤醒，开始彼此勾兑，也就是彼此的投射和移情开始启动。带领者需要注意，在这个过程中，谁处于阳性动力的顶端，比如谁的话最多，谁处于阴性动力的顶端，比如谁一直没有说话；在这个阳性与阴性动力交织的空间中，又有哪些人来回移动，体验这个小组如何打开言说的空间并且开始创造关系体验。

蓝妈妈刚刚给了高热忱一个回应，说听她说话感觉很轻松。紧接着，高热忱微微侧目，向许不知提问。

高热忱：小许，你是姓许吧，你刚才说我有在社区工作的味道，是什么意思？

许不知：没什么意思，就是觉得您挺热心。

高热忱：我是觉得咱们既然都来到一个小组了，应该相互抬桩，总不能相互拆台吧。

她说完这句话环视了一下小组里的其他人，蓝妈妈频频点头，其他人没有任何反应。这时董英才说话了。

董英才：我觉得这里的每个人都是独立的，没有必要一定要一团和气，有时候人情味太浓，团队就没有执行力了。

曹人类边听边点头，而高热忱脸上则闪过一丝尴尬。

这时小组突然开始集体沉默了，就好像有一个什么东西闯入，使小组的某个部分或某条正在流淌的小溪凝固了。

大概 5 分钟后，一直没有说过话的张孤单说话了。

张孤单：大家好，我姓张，是个全职妈妈，来这里也是为了教育孩子的问题，还有一个原因就是我不太知道自己想要什么。比如，刚才蓝女士第一个说话我觉得挺好的，最起码有人说话我就没有那么紧张了；我也觉得高女士说得挺对的，要相互支持；后面董女士说每个人要独立，我也觉得说得挺对的，我就是不太独立。你们的话我觉得都说得挺好的，挺对的，可我却不知道自己有什么意见。

说完的瞬间她望向了带领者。

带领者：第一轮的团体治疗已经过去了 45 分钟，还剩下一半的时间，我听到了这里的每一个人都在尝试把内心的声音表达出来让其他人听到，还看到了大家彼此的目光是有交流的，所有人还一起在沉默的体验里待了一会儿，尽管每个人对沉默的感觉和理解都不一样。所以我想和大家一起来了解一下，在刚才的两段沉默中，大家心里都在想什么呢？

带领者刚刚说完这段话，对面的曹人类如释重负地说。

曹人类：终于说话了啊，我还以为有带领者整轮都不说话的潜规则呢。

韩教育：刚才李老师说这里的人目光有交流，我觉得我是那个交流最少的人，我挺怕和大家对视的，而且到目前为止，我好像是说话最少的。我姓韩，是个教师，来这里主要是想解决我在恋爱中遇到的问题。

曹人类听到韩教育说自己是老师，一脸惊讶，等她说完马上追问。

曹人类：你也是老师吗？教什么的？

韩教育：教初中语文。

曹人类：哦，初中老师。我看你说话有点腼腆，那你平时是怎么上课的呢？也这么紧张吗？

韩教育：不是，我上课时不怯场，就是其他老师哪怕是校长来评课我也不怯场，该怎么讲怎么讲，学生也挺喜欢我。可是今天奇怪了，怎么一进这个小组就感觉很紧张，胸口像压了一块石头，有点透不过气。

曹人类若有所思地点点头，没再说话。

张孤单：我右边的这个男生还没介绍自己呢。

权灵感：我正看俩教师上班呢。没别的意思，开个玩笑。谢谢你的提醒啊。大家好，我姓权，是个网络编辑，没什么特别的目的，就是来散散心。

曹人类：散什么心？

权灵感幽幽地说："平时工作压力有点大，心里烦，就是来这儿换个脑子，不行吗？"

曹人类：行行，当然行了。

高热忱打断了权灵感与曹人类的交流。

高热忱：刚才带领者李老师已经提示大家了，说说在沉默中的感觉，我看没人回复呢，那我先说吧。在小组刚开始的沉默中，我就觉得小组好像飞机起飞之前机舱加压，就好像小组中间有团气，慢慢在变大膨胀，我有点被这团气往外顶的感觉，就不太想说话。心里闷闷的，不知道谁会戳破这团气，多亏蓝姐。

说完高热忱冲蓝妈妈笑笑。

许不知听完眨眨眼睛。

许不知：高女士有那么多感觉，我怎么一点感觉都没有呢？

高热忱：你没听见刚才小韩说的话吗，感觉胸口好像压着石头，这就是对自己的身体有感觉，或者和自己的身体有链接。这是很重要的功课，要建立和自己身体的关系，照顾身体。

许不知：为什么蓝女士和你说话时，我都感觉好像我妈在这儿呢。

大家听到这句话脸上瞬间布满了窃喜，张孤单甚至还笑出了一点声音。

权灵感：许同学说话真逗，你该不是个"妈宝"吧。

许不知：我觉得我不是，我女朋友也说我不是。

许不知提到女朋友时，韩教育突然睁大了眼睛。

蓝妈妈：刚才李老师问沉默的感觉，我回忆了一下，小组刚开始时，我看了一下这里的人，感觉大家表情都挺和善的，最起码不是那种凶神恶煞、尖嘴猴腮的，我就安心不少，想为大家做点什么。后来看带领者也没说话，不知道为什么，坐在他左边就好像感觉自己得做点什么，不然心不安。

曹人类紧接着说。

曹人类：我发现这个带领者左右两边的人责任心都挺强，一个首先打破沉默，另一个还帮腔，你们之前认识吗？

坐在带领者左右两旁的蓝妈妈和高热忱对视后几乎同时对着曹人类摇头。

曹人类：这就有意思了。哎，你们说咱们这个座位是不是有什么说道。

曹人类边说边扫视其他人。

权灵感马上跟着开口。

权灵感：那你坐在带领者对面，是什么意思呢？

董英才颇有深意地看了权灵感一眼。

董英才：那是跟权威人物随时可以进入战斗模式的人坐的位置。

此话一出，小组瞬间有个激灵闪过。所有人都在观察带领者的表情，然而没有发现任何端倪。

曹人类：你凭什么这么说呢？

还没等董英才回应，韩教育马上接上了话。

韩教育：坐在领导对面的人我觉得都是对领导有意见的。

曹人类听到这话苦涩地笑了笑。

蓝妈妈：我一听小曹说话，心里就一阵阵地发紧，感觉他跟二把手似的，小高，你觉得呢？

高热忱：就是，我也看出来了，这个曹先生一说话，好像就要领导谁似的。

这时小组陷入一种诡异的氛围中，刚刚表达过对曹人类感觉的人都在看其他人，似乎在寻找相同意见者。这时张孤单说话了。

张孤单：我不知道座位还有那么多说法，我就是随便找了一个位置坐下来而已，因为我坐在这里可以看见墙上的挂钟，能看见时间对我而言很重要。也许曹先生觉得跟带领者面对面对他而言也很重要。

此话说完，首先表示同意并且点头的是许不知。

许不知：我不太知道这里的规矩，有些位置是不能坐吗还是怎样，为什么听起来坐在带领者对面的人就不是好人呢？

曹人类听到许不知讲的话，表情上有一种微微释然的感觉。其他人则是一怔，若有所思。这时带领者说话了。

带领者：刚才我好奇地想要了解小组沉默时发生了什么，感谢有的组员回应了我的好奇，紧接着我看到大家对彼此的了解越来越多，而且小组好像正在把所有的害怕放在一个人身上，并且通过排斥这个人从而让自己感觉安全。我在想，如果这里有一个人把心里正在体验的东西说出来，那这个人是代表他自己，还是代表小组的一个部分呢？

带领者的这个干预不知道触动了小组的什么，小组开始陷入沉默。大概三四分钟后，蓝妈妈四顾无人说话，开始表达。

蓝妈妈：我刚才听说这里有老师，也有跟我一样的妈妈，我觉得挺欣慰的，我来这里就是因为我家里有个上初三的男孩，最近不爱学习，老跟我反着来，为了教育这个孩子，我真是身心俱疲。我工作也不是特别忙，也没有什么远大的职业理想，每天下了班就是回家忙活家里这些事，说好听点就叫相夫教子吧，用了这么多精力却换来这么个现状，真是糟心。

蓝妈妈半埋着头说出这些话。

高热忱的脸上随着蓝妈妈的表述变得越来越凝重，听完她说的话，深呼吸了一口，随即开口。

高热忱：孩子到青春期了，逆反。不过他为什么不爱学习了呢？是在学校里遇到什么不开心的事或人了吗？

蓝妈妈：刚开始我也是这样想的，就去学校了解情况，发现孩子跟老师、跟同学相处得还行，学习成绩不能说优秀吧，至少是中等，但就不知道为什么，他就是有厌学思想。

高热忱：那他现在还去上学吗？

蓝妈妈：已经休学一个月了，每天就在家里打游戏。

许不知听到"游戏"二字，瞬间来了兴趣，马上侧头问蓝妈妈。

许不知：玩的什么游戏？

这时大家都突然尴笑，然后瞬间恢复，蓝妈妈一脸尴尬。

蓝妈妈：不知道是什么游戏，总之就是玩上就拔不出来的那种。

高热忱：我工作的社区里也有很多厌学的孩子，好多也是沉迷网络游戏，当妈的急得没着没落的，我也走访过。基本上都是父母逼得太紧了，搞得孩子只有在游戏空间里才能喘口气。

蓝妈妈：我跟他爸从来都没有逼孩子学习，我们对他的成绩也没有过分的要求，心里着急，但是表面上没有表现出来过。

这时候权灵感接了话。

权灵感：有没有可能是跟老师的关系不太好，我十几岁的时候就是不喜欢我的物理老师，一上他的课就头疼，导致我对理科都不太感兴趣，有段时间也不太想去学校。

蓝妈妈听到权灵感的话，若有所思地点点头。

蓝妈妈：好像是，他是说过不喜欢教英语的那个老师。

这时候，韩教育皱了一下眉头。

韩教育：我是当老师的，我觉得我还是有点发言权的。学校里有好多不想来上学的孩子，他们自己和家庭都有点问题，最后还要把问题赖在老师头上，我觉得这不公平。作为老师，我的责任是教书，不是负责让每一个学生喜欢上我。再者，进入学校就等于进入半个社会了，难道社会上都是你喜欢的人吗？老师没有讨你喜欢的义务。

这时候曹人类竖起了拇指。

曹人类：我给你手动点赞，你说得太对了。

蓝妈妈欲言，带领者开始说话。

带领者：小组的时间到了，看起来咱们却没有结束感，好像一个话题刚刚被启动，这个话题里有很多丝丝缕缕的东西都可以触动这里不同的成员、引发不同的感觉，而我们又在一个话题里，这个现象是非常有意义的，就好像经过这一个半小时的对话和体验，我们的一部分已经在一起了，还有其他的部分不知道在发生着什么。很感谢大家的努力冒险，以及所做的一切表达，未来有一周的时间来回味这一个半小时，我也邀请大家关注自己的梦，下周同一时间，咱们在这儿见，再见。

以上就是第一轮的下半轮，过程中出现了几个重要的现象。带领者进行了干预，邀请所有人谈论对沉默的感觉和理解。你认为带领者为什么要这么做，组员又是如何回应的？在第一轮做这样的干预，于12轮的小组整体意味着什么？

小组成员指出坐在带领者对面座位的含义是什么？小组有没有发展出一种叫作替罪羊的现象？如果有，这个现象背后的机制是怎样的？带领者又是如何干预的？

下半轮小组出现的话题之间是如何过渡的？话题与话题之间的轨迹是怎样的？组员之间的关系是如何发展的？谁跟谁开始走近？谁跟谁开始有冲突的倾向？谁又在回避谁？

攻击或失望，究竟怎么选

场地、时间设置依旧，小组开始的时间到了，韩教育暂时缺席，座位图如下。

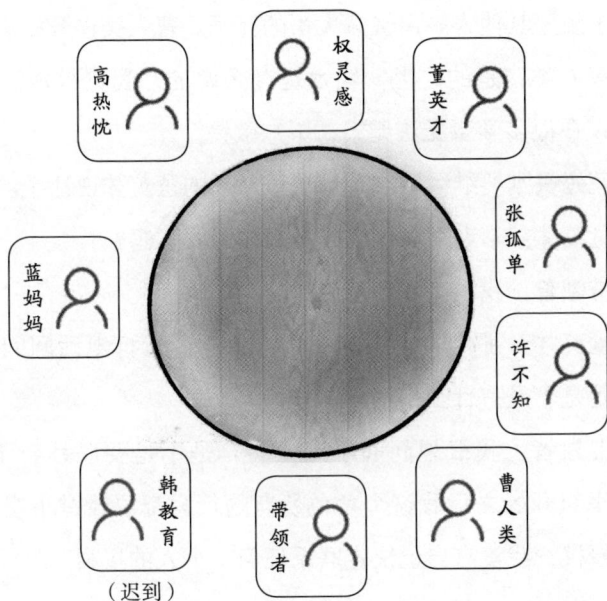

带领者：欢迎大家回来，这是团体治疗的第二轮，现在是 7 点半，咱们现在开始，到 9 点结束，设置依旧，可以开始了吗？

这时大家都盯着带领者左边的位置，这个位置是空的。此时董英才说话了。

董英才：带领者你左边的位置是空的。

带领者：我也发现了，你们还记得是哪一个没到吗？

这时带领者环视所有人，等待有人说出没到成员的名字。组员们也转着眼珠在回忆。

蓝妈妈：是那个学校的老师，她上一轮说老师没有讨学生喜欢的义务，我当时还想反驳她来着。

小组里其他人露出恍然大悟的样子。曹人类也开始表达。

曹人类：是的，上一轮她是这么说的，我觉得她说得很对，现在很多学生无法无天，不知敬畏。

蓝妈妈刚要继续回应，空椅子对面的董英才说话了。

董英才：李老师，这个成员跟你请假了吗？

带领者：我没有收到请假的信息。

董英才：那作为小组的负责人，你没有打电话问问原因吗？她是不是有什么事情？

带领者：我很想问问小组成员，是不是要联系一下她，因为小组开始之后我这个角色所有的行为都要经过小组的讨论和授权，我没有自己决定联系任何一个人的权利。

董英才：好奇怪，这要是在我们企业里，如果有人无故缺席，相关负责人是要去了解情况并且告知相关利益人的，难道心理学的小组这么没规矩吗？

此时蓝妈妈接上了话。

蓝妈妈：上次结束时那个话题还没聊完，我在回去的路上都有点蒙，这一个礼拜我都在想为什么蒙，对，就是你刚才说的这个感觉，没规矩，没人负责，没人管，一帮野孩子的感觉。

高热忱此时一脸忧虑。

高热忱：刚才带领者不是问大家了吗，要不要打个电话问问这个小韩是不是有什么事情？

权灵感马上接话。

权灵感：能有什么事情啊？再说她是个成年人，应该对自己的行为负责，我就想知道，像这种情况，迟到多久就不能进小组了，总不能咱们一帮人等一个人吧？

许不知点点头，面向带领者问道。

许不知：有规定吗？迟到多久就不能进小组了？

带领者：目前没有这方面的硬性规定，也许大家可以讨论一个时间规定，大家一起执行。

许不知：现在缺一个人，怎么讨论呢，咱们总不能在有一个人不在场的情况下通过某个决议吧，那不成了针对这个人吗？

曹人类此时说话了。

曹人类：我觉得小许你不要道德捆绑啊，现在的问题是，关于迟到这个事儿，没有规则，就不成方圆。你看现在小组里还空着一把椅子，小组是不完整的，这一个人不来耽误了所有人，现在时间都浪费在讨论这件事情上了，这对在场的人就公平吗？

此时团体治疗刚刚过去 15 分钟，刹那间所有人都陷入了沉默，只剩下曹人类一口气说完这些话后的微微喘息声。

张孤单此时怯生生地说："那我们要不要给她打个电话？这样没着没落的也不是个事儿啊。"

张孤单用目光向所有人征询意见。

此时许不知说话了。

许不知：要不咱们这样，如果再过 15 分钟，也就是一个半小时过去 1/3 时，咱们就打个电话问问，现在咱们先聊点别的，不然都得被这个缺席"拖死"。

董英才：我同意小许这个建议，咱们先聊咱们的，过一会再说这个缺席的问题，不过这个空椅子就在我面前，实在是看着不舒服。

曹人类笑了一下说："你看你这是同意换话题吗，话题不还是落在空椅子上了？"

此时带领者说话了。

带领者：首先感谢大家关注小组里有一个人没有到，因而小组出现了一个空缺，我和你们一样也在猜测这个人究竟是什么原因没有在这里，究竟是迟到还是这一轮都见不到她，充满了很多的不确定；另外，也感谢大家对这一现实发表了自己的看法，还提出要对这部分进行一个补充规则的讨论，以管理这种不确定；并且我也感到大家希望我能够给出一些更具体的规则，仿佛只有我才具备这种能力。

听完带领者的干预，张孤单首先开口。

张孤单：李老师说完这些，我稍稍有一点安稳感了，最起码我知道发生了什么。

蓝妈妈：对啊，只有带领者才有这个能力，我们谁也没有权力决定什么。李老师是经验丰富的小组带领者，你就应该知道这种情况该怎么处理。

高热忱紧接着说："刚才带领者不是问大家了吗，要不要打个电话问一下，这就是有经验的做法啊。我理解带领者这个说法就是让咱们集体决定要不要联系小韩，就是集体做决定。"

董英才这时把手举了起来。

董英才：这样，咱们投票，谁同意给小韩打电话就举手。我同意给她打电话问问到底怎么回事。

高热忱也举起了手，说："我也同意。"

蓝妈妈：既然带领者不直接给办法，我也同意联系她，不然小组真没法进行了，这个事没完了。

说完蓝妈妈也举起了手。

此时，董英才、高热忱、蓝妈妈三位成员一边举着手一边看向其他没有举手的成员。

权灵感：我不想被这个缺席现象限制了，要是打个电话能结束这个话题，我也同意。

随即他也举起了手。

很显然，权灵感坐在首先举起手来表决的董英才和高热忱之间，似乎感到了一些压力。

张孤单一边举起手一边说："我听大家的。"

曹人类这时把脸转向右边的许不知。

曹人类：你要不要举手？

许不知：我还是觉得要举手就要所有人都在，现在小组少一个成员，我不想在人背后做事情。

许不知对面的高热忱一边摇着手一边开口。

高热忱：小许，你说的这是什么话，这怎么叫在背后做事情？现在就是这个人没有来啊，这是个现实，我也想所有人一起讨论一个决定，现在不是条件不允许吗？你有点现实感行不行？

许不知轻轻地摇摇头，不置可否。

曹人类此时哈哈大笑。

曹人类：这就叫民主，这就是民主的效率。把权利给你们，你们会用吗？

董英才马上回应曹人类。

董英才：别站着说话不腰疼了，我看就少数服从多数，直接给小韩打电话。

曹人类也马上回应：小组里的人都是平等的，凭什么少数服从多数，难道多数人的决定就是正确的吗？你知不知道还有一票否决制，况且还不是一票，小许不举手，我也不会举手。我不同意打电话。

蓝妈妈这时一脸无奈地对曹人类说："小曹你这是干什么呢，这不成捣乱了吗？"

曹人类听到蓝妈妈的话后并没有做出任何回应。小组里刚才举手的几位成员都缓缓地把手放了下来，一脸沮丧地看着带领者。

许不知似乎感到了某种压力，他开始解释。

许不知：刚才我说的是到小组进行半小时再联系她，我并没有说不联系，所以我愿意举手，只不过不是现在。

蓝妈妈：现在离半小时还有五分钟，早五分钟晚五分钟有什么差别呢？

许不知：我觉得有差别，我不要你觉得，我要我觉得。

此时大家脸上的表情从凝重、纠结切换成了莞尔一笑，但又瞬间恢复了之前的表情。

蓝妈妈叹了一口气。

蓝妈妈：你跟我那个孩子真像，就是拧，也不知道是哪里来的一股劲。

带领者：这是一个非常重要的时刻，小组里面有成员发现其他成员身上的某些部分跟自己生活中某些很重要的人似乎有几分相似。换句话说，你跟这里的人相处时，某些过去生活中熟悉的感觉再次出现了，这种熟悉的味道也许是你喜欢的，也许是你感到无奈的，总之，一些过去关系中的张力在此刻的关系里再次出现了，不知道对于这一点大家怎么看？

带领者的这个干预似乎打开了小组的一道门，所有人脸庞上的凝重和疑惑瞬间不见了，成员们彼此用眼神扫描，似乎在寻找某些蛛丝马迹。

小组沉默了一会儿，董英才打破沉默。

董英才：刚才带领者说过去关系的张力浮现在这里，我就想到，现在李老师，也就是这个小组的领导，跟我们单位里我的直接领导者太像了。

这句话说完，董英才顿了顿，深吸一口气。所有人全神贯注地看着她，等待着她接下来的话。

董英才：我那个直接领导者，就是一个佛系油腻中年男人。为什么说他佛系？因为他从来不承担任何主要责任。我负责内训课程的组织和实施，每年要报项目、申请资金，还要试课、评课，好多次我都邀请他跟我一起试课，还请他在那些关键课程上给予指导，我非常尊重他，可他呢，他从来都说"不错不错"，但后续课程效果不达标时他又反过来说我的眼光不行，把自己的责任甩得一干二净，跟刚才带领者干的事情一模一样，一开始说感谢大家关注空椅子，还说什么需要大家决定，后面到真正投票的时候又当缩头乌龟。我们在这里为迟到这个事情纠结了快一小时了，他倒坐在那里不着急也不操心，这就是渎职，就是腐败，就是推卸责任！

董英才的话充满力量，小组所有人都有些许震惊的感觉。此时小组的空气像凝固了一样，所有人都没有再说话。董英才说完这番话后似乎有了一丝释放感，同时也能看到她坐在椅子上微微发抖。

时间一分一分地过去，这时有人在敲房间的门。所有人像突然被从一个空间里拽出来一样，望向门的方向。几声敲门声过后，韩教育一脸尴尬地推门进来，然后在所有人的目光中蹑手蹑脚地坐在了她的椅子上。这些目光中有的是诧异，有的是踏实，有的是好奇，有的是不解，有的是愤怒。

以上便是第二轮的上半轮，小组中出现了迟到的情况。在这个刚刚形成的小组里，有人没有准时到达，谁都不清楚这个人究竟是迟到还是缺席。那么这样一个巨大的、关于不确定的焦虑，会激活组员们的什么反应呢？你还记得每个人是如何对这个缺失作表达的吗？

如果说在小组的第一轮中，成员们带着对小组的某种想象前来，那么经过一周的沉淀，这些想象是否有了一些变化？小组成员的缺失及对小组想象的变化这二者之间是否会产生化学反应？这个反应在小组里是如何呈现的？可以看到，对于成员而言，为了应对这些内部及外部的危机而发展出来的对话和努力，以及基于这些形成某种具有一致性的决定，当然不容易，因为每个人理解这个世界的方式不一样，可这又是小组凝聚力形成的必经阶段。小组的凝聚力表现为每一个成员都感觉自己属于这个小组。

在一个小组中，想说什么就可以说什么是一种自由，不想说什么就可以不说什么也是一种自由，前者是主动性，后者却是更深层的自由，也就是不被某些事物控制。在这轮团体治疗中，组员们都在享受表达的自由，也在发展着不被某些现状控制的自由，他们在想办法不被缺失控制，想办法在缺失的空间里继续发展自己的任务，这是非常不容易的。那么，带领者直接给一个办法不好吗？为什么还要在这个缺席的危机下为小组创造那么多对话的空间？

同时，有组员开始把组外的关系体验与组内的体验连接在一起，有一些重要的模式开始活现。虽然有成员缺席，但小组也开始发展其功能，这是为何呢？

你的思考是什么呢？这关乎你如何拓展个人自由的疆界。

韩教育回到座位，对面的董英才舒了口气。

董英才：我的对面终于有人了，刚才我感觉自己就像哨兵。

韩教育擦了擦头上的汗对所有人解释。

韩教育：不好意思，今天我们单位临时开会，我本来想打个电话说一声，因为会上不能看手机，又是临时召集的会，也不知道几点结束，后来好歹结束了，路上又有点堵车，我就迟到了。

曹人类：在你迟到的这半个多小时里，小组里都炸锅了，堪比春秋战国。

韩教育听后吐吐舌头，没再说话。

蓝妈妈看着微微出汗、气喘吁吁的韩教育，脸上带着复杂的表情，似乎一部分是心疼，另外一部分是责怪。

蓝妈妈：小韩你应该提前说一声啊，我们都很担心你，还以为你路上出什么事了呢。

韩教育充满感激地望了蓝妈妈一眼，讪笑一下。

高热忱：你回来应该道个歉，只说不好意思我认为是不够的。

韩教育打了个激灵，刚要开口，许不知插话了。

许不知：她没有做错什么啊，她又不是故意迟到的。再说了，哪有强迫人道歉的，这到底是谁的需要？

高热忱：小韩确实不是故意迟到的，但是她造成了小组一半的时间都被花在讨论迟到这件事上，耽误了所有人的时间，难道迟到的人不应该承担责任吗？

此时蓝妈妈脸上心疼的表情不见了，马上开口。

蓝妈妈：就是。

韩教育刚想说话，又被权灵感打断。

权灵感：我觉得每个人进组时都签了协议，里面写了不迟到、不早退，虽然不是故意为之，但只是道歉是不够的，应该补偿大家，要不你请大家吃个饭吧。

带领者：我也记得协议上很明确地说了，为保证小组的效果，组员不能私下见面。

张孤单：我觉得最重要的并不是道歉，而是怎么保证下次不迟到。

董英才：这样，以后谁再迟到干脆就不要来了。

高热忱：这样太冷漠了，太不近人情了，谁能保证自己不会临时有事情？

许不知：这是小组开始以来我听你说过的最温暖的话。

带领者：现在咱们小组从不完整变得完整了，可是听起来还有一些感觉并没有因为小组的完整而被消化，而正是这些没有被消化的感觉使我们还在讨论如何预防以后的迟到或缺席，更重要的一点是，这里所有人都在这个话题里、没有离开。

韩教育听带领者这样说，轻轻地舒了一口气。

韩教育：我向大家道歉，是我不对。刚才开会时我也在想小组里的你们会如何讨论我的缺席，包括刚才有人提议说让我请吃饭，我非常愿意。后来又听带领者说这样会影响小组的效果，心想就罢了。我还以为这样的小组就像开会一样，早一会儿晚一会儿无所谓，我从来没想过我这么重要。

韩教育说这段话，尤其是后半部分时，有些动容。

小组里的其他人听到韩教育的这番话，尤其是后半部分时，也有一些东西在发生变化，但是没有人说话。

沉默了几分钟，张孤单说话了。

张孤单：其实今天我来的路上也有点堵车，我也想万一迟到了大家会不会在意我。后来我还是准时到了。刚才小组在这一个多小时里发生的事情，让我觉得每一个人都很重要，少了谁都不行。我不是煽情，我是真的有这种感觉，不过我也感觉很奇怪，咱们刚刚认识不到三小时，中间还隔了一周，怎么会有这种感觉呢？

曹人类：我认为之所以在这么短的时间里我们就有这样的感觉，有一个很重要的原因是这个小组里没有惩罚，比如，刚才小韩没来时有人要举手投票要不要联系她，少数服从多数就是"惩罚"，我当时就是反对的；还有刚才有人说让小韩请吃饭，这也是"惩罚"。还有刚才有人说保证以后不迟到，这里的人又不是瑞士钟表，谁能做到分秒不差？而咱们的带领者没有执行这样的"惩罚文化"，我觉得很了不起。

曹人类一边说一边看向带领者，投以赞许的表情。

董英才：这跟带领者有什么关系，焦虑和不确定都是咱们成员承担的，也是在小组里炸锅的，带领者什么也没承担、什么也没干。你应该坐到我这个位置上来，感受一下对面是空椅子的感觉，看你还做报告吗？

大家听到董英才评论曹人类说话像做报告，都互相传神地望了一眼，面露笑意。曹人类无奈地轻轻摇头。

带领者：我记得第一轮快要结束时，蓝妈妈说到孩子的教育问题，那个话题似乎还没有被完全展开并讨论，小组的时间就结束了。然后第二轮，就在刚才，董英才也谈到了在单位里与领导者的相处问题，也是没有被充分展开并讨论。这两个话题，一个家庭话题、一个社会话题，都搁浅在小组里了。不知道当事人有什么体验，大家又怎么看？

带领者这段话说完，蓝妈妈和董英才面部闪过一丝羞涩，眨眨眼睛，微微点头，其他人都面面相觑，一时间没人说话。

此时韩教育开口了。

韩教育：上一轮快结束时我记得我说学校的老师没有讨好学生的义务。在回去的路上我也想了一下，也许我说的话太重了。其实学校里的每一个老师都很想跟学生搞好关系，但是现在青春期的孩子实在是太难了解了，什么二次元、什么社群的，完全不是现实世界的事情。

蓝妈妈深切地点点头。

蓝妈妈：小韩，真是不好意思啊，刚才你没来时我还在你背后说来着，你上轮说的话我听着是不舒服的，因为我上一轮的求助实在是没办法的办法。要是有点办法，谁愿意把自己家的事情尤其是家丑外扬？刚说出来一点，就被你那个话一堵，我就没有说下去的劲儿了。

高热忱：我觉得上轮蓝姐姐说自己家孩子的事情是很有勇气的，咱们应该把事情仔细了解清楚了再给她支着儿，因为时间有限，上一轮好像结束了也没有给个什么措施或建议，我看连最基本的理解和安慰都没有。要说咱们的关系发展得还不到位，我觉得也对，但是带领者到最后也没有做这个事情，这我就很好奇了。我听说其他心理学小组里的带领者都是要给一些建议或措施的，怎么这个小组没有呢？这让人心里多不安定啊？

高热忱说完这段话，小组里其他成员频频点头，并齐齐看向带领者。

带领者：我能够理解大家对于我使用权威的方式有一些失望，我似乎是一个靠不住的带领者，并且似乎也没有承担大家认为的带领者应该承担的责任，我非常支持这样的感觉。另外我也想更多地了解前面大家的碰撞和对我的失望，这个部分是否可以进一步展开？

张孤单：小组第一轮时我是最后一个说话的，原因就是我不知道该怎么进入大家的话题，我在想如果当时带领者一对一地邀请我，我的压力会更大，所以有时候我觉得他少说话对我而言更轻松，因为他一说话我就本能地感觉要干点什么，就跟领导分配任务似的。

许不知听完张孤单的话点点头，表示支持。

许不知：我觉得张女士说的对，这里的人有说话的权利，也有不说话的权利；有求助的权利，也有不求助的权利。有帮助别人的热心很好，如果帮不上别人，也不应该感到无用或羞耻。

曹人类：这就是理想国，理想国，啧啧。

权灵感：刚才董姐说的跟单位里领导的事情怎么没人提，那也是一档子事啊。理想国，什么是理想国？就是每个人都可以做自己。之前蓝姐和董姐说的两件事，一件是家庭的，一件是社会的，我觉得都被责任捆绑了，都没有做真实的自己。我认为这才是问题的关键。

大家听完频频点头。

蓝妈妈：做自己？听起来很潇洒。难道做自己就跟做妻子、做妈妈矛盾吗？我不这样认为。

董英才：现在很多人打着做自己的旗号对他人的感受不管不顾，听上去挺独立，其实就是自私。

还没等权灵感回应，许不知对蓝妈妈发问了。

许不知：那我想问问你，蓝阿姨，你的孩子从出生到现在，有没有做过自己，哪怕一天也好？

蓝妈妈：那你说什么叫做自己，标准是什么？

许不知：就是吃自己想吃的饭，玩自己想玩的游戏，说自己想说的话，干自己想干的事。

蓝妈妈又气又笑。

蓝妈妈：你说的这不是野人吗？

大家都笑起来，许不知一脸尴尬。

曹人类：听上去很可笑，我倒是觉得如果咱们都回到原始社会，其实人类没有多少烦恼，就是为了活着而活着，其实也不错。我教了这么多年历史，真是羡慕古时候的人们，爱恨情仇，肆意挥洒，有血性、有敬畏，全人也。

高热忱一盆冷水泼过来。

高热忱：要是在古时候，你都活不到这么大，早就病死了。

大家又是一阵笑。

曹人类有点尴尬。

曹人类：我感慨一下怎么了，还说到我身上来了。刚才带领者不是说了吗，请大家多说一点对他的失望，结果小张说了一番话，话题又变了，哎，这个小张，你是不是"保皇派"啊？

此时小组的时间就要到了。

带领者：这一轮小组刚开始时，有一个成员缺席，然后大家表达了对这个缺席的看法和意见，由此延伸了很多丰富的体验，比如对带领者的失望、对小组缺失的恐惧，还有对生活中类似体验的唤醒与表达，我很感谢大家没有选择压抑这些体验，而是努力地将这些体验表达出来，这也使咱们小组成员之间的碰撞和对权威的攻击性得以释放并引起反思，这个过程是极其宝贵的。不知道大家在接下来一周的时间里，是否可以继续回忆与思考，小组里的伙伴们，你喜欢谁身上的哪个部分，不喜欢谁身上的哪个部分。也许这可以作为下一轮讨论的一个议题，就是彼此的关系。你们还要关注自己的梦。那么，咱们下周同样的时间同样在这里见。

在带领者做完这个干预将要起身离开时，蓝妈妈补上一句："下周都别迟到啊。"

大家嘻嘻笑了一下，小组结束了。

第二轮的下半轮，小组恢复了完整，时机刚好在组员正式地表达对带领者的不满时。此时的小组有三个任务在一个水平上发生：第一个任务是迟到的成员回归，如何针对同胞的关系做工作；第二个任务是对权威的不满刚刚被唤起，如何鼓励更有开放性的释放；第三个任务是小组如何避免进入更大的不确定而发展回避机制。

带领者此时要先观察组员作为同胞是如何消化迟到的，在彼此的解释和责备中，以及成员之间共情性的关系是在发展还是在倒退。你们也许注意到了，组员对于这个部分做了大量的工作，并且破坏性的排斥与替罪羊现象没有再次发生。而这种渐渐使小组变得温暖的动力并不是越多越好，因为这会影响小组对权威攻击性的表达。在此处，带领者又做了一个干预，指出了小组的不足、对既往话题的回避，这就使小组的第二个任务和第三个任务结合。小组在这个干预后又产生了怎样的变化呢?

如果你来带领这个小组,你会做怎样的干预?作为组员,你会喜欢谁的表达?我期待你的洞察力与融入角色的能力双双发展。

一场梦，要不要醒

场地、时间设置依旧，小组开始的时间到了，无人请假、无人迟到，座位图如下。

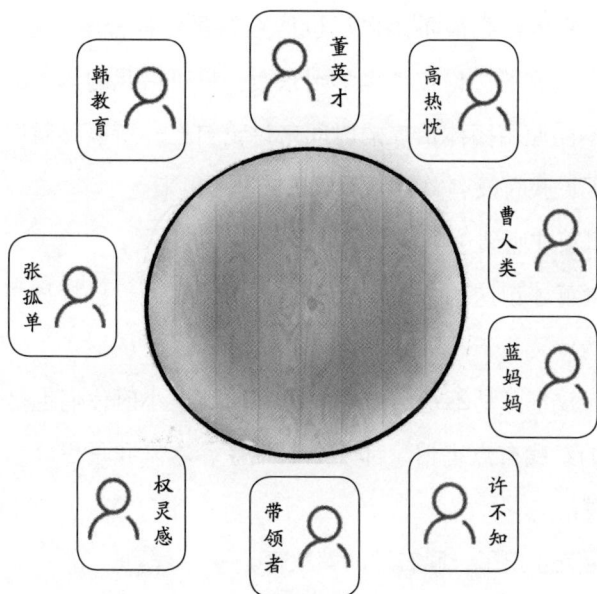

带领者：欢迎大家回来，感谢大家这一次没有人迟到，时间依旧、设置依旧，现在是 7 点半，咱们 9 点结束，可以开始了吗？

　　组员听到带领者感谢大家没有迟到，都会心一笑，然后小组陷入沉默。虽然此刻没有声音，但组员们一直在短时间地互相凝视。

　　大概过了 5 分钟，董英才开始说话。

　　董英才：上两轮带领者都让大家关注自己的梦，我想问问带领者，你做梦了吗？

　　带领者问所有人："我可以回答她的这个提问吗？"

　　所有人点点头，充满期待的表情。

　　带领者：我很希望自己也能跟组员一样分享自己的梦，并借由大家的讨论在梦里学到东西，只可惜我的角色纪律要求我不能使用团体治疗的时间来讨论自己，所以感谢你的邀请，无论我有没有做梦都不能在这里讲出来。

　　董英才听到这里马上接话。

　　董英才：这就是我不喜欢你身上的东西，总打官腔，透着虚伪。

　　韩教育：是不是上一轮我没来的那半小时你们也是这样吵架的？我有点害怕，都不敢讲话了，本来我是想分享一个我的梦的。

　　董英才扫了一眼右边的韩教育。

董英才：那你能不能先说说看，你喜欢这里面的谁，不喜欢这里面的谁？

高热忱：带领者上一轮结束时问的是，你喜欢谁身上的哪个部分，不喜欢谁身上的哪个部分，不是全盘否定谁，也不是全盘抬高谁。董，你这样说好像一竿子要打死一个人似的，你对权威有愤怒，我们不能也跟着遭殃吧？

董英才听完没有回应。此时曹人类说话了。

曹人类：上次带领者说完对这里的人谈喜欢和不喜欢的部分，我才发现我对这里的每一个人都没有什么太大的印象，好像我只对整体感兴趣，比如我上一轮说到的理想国、没有惩罚的群体等，这一周我冥思苦想，好像我对对面的这个小张有点印象，因为她是第一轮最后一个说话的，第二轮说话时又怯生生的，特别像一个邻家小妹。我不喜欢那个小许说话的口吻，虽然上一轮我也支持他了，和他一起不举手，但是他说话的口吻特别像一个愣头青。

张孤单在曹人类说这番话时脸部微微发红，而许不知马上对曹人类开口。

许不知：那我这个愣头青的样子是不是像极了你当年压抑的样子？

蓝妈妈坐在曹人类和许不知之间，看起来十分不适，当听到许不知这样反驳曹人类时，她也开口了。

蓝妈妈：跟我儿子越来越像了，就是跟他爸对着干。

蓝妈妈一脸忧虑。

而小组里却有其他人在笑，韩教育也在笑，一边笑一边开口。

韩教育：你们三个刚好坐在我对面，怎么你们还变成一家人了呢？一边是爸，一边是儿子，中间有个焦虑的妈。

曹人类：小韩别乱说话。

韩教育又转向蓝妈妈。

韩教育：你真在这里找到儿子了吗？

蓝妈妈：也不完全是，我儿子比小许压抑多了，可是脾气、性格很像，凡事追求绝对公平。上次好像因为游戏里有人用了什么叫外挂的东西，就是作弊，气得他把手机都砸了。

张孤单这时似乎准备好了要说点什么。

张孤单：首先谢谢曹先生的关注，我都是两个孩子的妈了，不是小妹妹了，不过我确实是心里没有怎么长大，别人都说我跟林黛玉有点像。

权灵感看着左边的张孤单说完这段话，紧跟了一句。

权灵感：《葬花吟》吗？真浪漫。

曹人类：你这有点讽刺了啊。

张孤单：我没有觉得被讽刺了，我觉得小权说得挺对的，我就是有点自带悲伤的感觉。很多时候在路上看见一条流浪狗、看看一般的言情剧，我都能不自觉地流泪。有时候我在想是不是自己太脆弱了，都30多岁了，怎么情感状态还跟高中小姑娘似的。

韩教育听完马上追问一句："那你老公怎么对你的呢？"

张孤单：我老公对我挺好，没有嫌弃我的这种……脆弱还是情感丰富，他比较包容。有时候我莫名地流眼泪，他都很有耐心地问我怎么了，关键是我也不知道自己怎么了，也没法说清楚，说不清楚就着急，越着急就越淌眼泪，这成了一种循环。

韩教育边听边点头，此时权灵感开口了。

权灵感：你老公对你真好，你要是我女朋友，我早跟你分手八百遍了。

韩教育越过刚才张孤单说的话，问权灵感："为什么呢？女孩子不能哭吗？"

权灵感带着几分不屑、几分随意说："这个男人和女人在一起啊，女人一掉眼泪，80%的男人都会觉得是自己哪里没做好。我那个女朋友，也爱哭，她只要一哭，我就晕了，反复问她是不是我哪里没做好、得罪她了，问到最后发现没我什么事，人家就是爱哭，眼窝子浅。害我忙活半天。"

高热忱：小权，你哄哄对方不就好了吗？

权灵感：哄了啊，怎么没哄，但是架不住没完没了。一周哭个七八回，有多少哄的劲儿都耗干净了。

许不知：那你换一个女朋友不就得了，费那个事干吗。

权灵感：有感情了啊，你当换身衣服那么顺溜。

许不知：认真你就输了。

大家听到许不知的这句话，有些惊讶。韩教育马上问许不知："什么叫'认真你就输了'？"

许不知：你要是见到一个人，俩人都有意思，确立了恋爱关系，这个人能不能跟你走进婚姻，慢慢地你心里其实会有个谱。每个人确定这个谱的时间长短不一，但只要有谱就没关系，就怕那种没谱还要硬撑的，既浪费别人的时间也浪费自己的时间。

韩教育不死心，继续问："你能具体说说这个谱吗，是种什么样的感觉？"

此刻有一个时间空当，但所有人都看着许不知，期待他下面发言的内容。

许不知稍微沉了一下说："就是你会幻想自己未来的生活，然后在这个幻想里加上这个人，然后再来幻想，如果这个幻想向你招手，而你也信心十足，那这个人或这段关系就属于有点谱了。"

韩教育：谢谢，我追问你的原因就是我已经订婚了，但是我没有办法走进婚姻，你说的这些幻想，或是加个人什么的想法，我都没有过。不过这相当可笑了，因为我觉得你年纪比我小，恐怕还没有订婚吧。

许不知：没有。

韩教育：让一个没有订婚的人给我这个年长的、已经订婚的人分享或指导婚恋关系的经验，我也真够傻的，可是我确实感觉自己在这一点上是一片空白的。

曹人类马上问所有人："这里还有谁没结婚、有谁单身、有谁正在恋爱吗？"

许不知：我在恋爱，对象不固定。

权灵感：我在恋爱，对象目前固定。

其他人没说话。

曹人类：看来没说话的都是已婚人士了，我也是已婚人士。作为过来人，我跟你说小韩，婚前别想那么多，结婚就是凭着一股冲动，一猛子扎进去，你才能知道婚姻的真谛，那个《围城》里怎么说的来着，你知道吧。

韩教育：我知道，里面的人想出来，外面的人想进去。我现在的感觉是进也进不去、出也出不来。我能分享一个我的梦吗？就是前几天做的，我记得特别清晰。

带领者：不好意思，请等一下。这一轮刚开始时，有些人分享了这一周对关系的回顾和反思，当然也包括和我的关系，还有一些人就一个亲密关系的话题开始深入，此刻马上有成员要汇报自己的梦，这是咱们小组第一次出现组员的梦，我在想如何使梦更好地被我们学习和体验并从中有所收获。大家看能不能这样，如果接下来有一个梦呈现在这里，这里的每一个人都可以假设如果这个梦是你做的，你会体验到什么、联想到什么。

大多数人听到这段话后有一个很短的沉思，有几个人点了点头。

韩教育：那我可以说了吧。前两天晚上睡觉时，我梦见自己走在一片荒郊野地，身上穿着公主的那种衣服，很华丽。在梦里我感觉很奇怪，穿着这样的衣服不应该是在宫殿里吗，怎么在野地里？梦在继续。我在野地里走着走着，就遇到一个王子，也是衣着华丽，他器宇轩昂，反正我们俩的衣服跟梦里的那个环境超级不搭。后来我俩说话，我也记不清具体说了什么，总之就是谈情说爱的感觉。然后不知道从哪里跑出一匹那种宫廷里的马，我们俩上马，一路边走边说话，到了一座宫殿旁，我想终于来到该来的地方了。那个宫殿真的是金碧辉煌，里面都是欧式的风格，是我最喜欢的风格。好多仆人把我们俩迎进去，大厅里好多人，看那个样子都是贵族。大厅中间有两把椅子，一把是那种国王坐的椅子，一把就是那种王后坐的椅子，仆人就引着我们俩去坐那两把椅子。走向椅子时我心里别提多高兴了。结果突然不知道哪里来了一道闪电，宫殿、贵族、仆人、椅子都不见了，我身边的王子也不见了，我也从公主的装扮变成了村姑的模样，扎着粗布头巾，穿着土布的褂子、深色的裤子还有一双女士开口布鞋。在梦里就是一个闪电的事情，但我就很着急，正要喊，梦就醒了。

以上就是第三轮的上半轮，有两条主线。

一是组员们在一周的时间里反思了之前在小组里彼此对话与碰撞的体验，并尝试将内在好客体与坏客体的部分相融合，增强了此时此刻的关系感受与历史性关系感受的对比结合与脉络梳理。比如董英才一开始对于带领者的梦的好奇和邀请，她似乎感到她有一部分自己的东西已经很明确地放在了她与带领者的关系里；曹人类谈到感觉张孤单像一个小妹妹，这也意味着张孤单在曹人类心里代表了一部分东西，这可以被称为投射或移情。更重要的是，在关系的流动里，一些过去因各种原因而无法流动的东西开始松动。

二是当组员之间的关系网越编织越紧密、越编织越结实时，梦出现了。梦的出现本身就是对小组安全感发展到一定程度的印证，也是小组中个体的潜意识与集体的潜意识开始互相伸出触角、彼此试探的过程。此处的节点在于组员从象征性地假设小组里的一个家庭到讨论婚恋关系。众所周知，婚恋关系的伊始便是找一个替代性的养育者，而另外一个部分是只有爱上一个跟自己的父母完全不一样的人，自己才能完成与父母的分离，这个过程非常艰难。从这个意义上来说，小组此刻的梦也象征了小组的倒退，关系和凝聚力的发展有时也是人格发展的倒退，这其中辩证、矛盾、复杂的现象值得深思。那么带领者在干预中提出如果有梦出现，希望所有人像感受自己的梦那样去理解别人的梦，又是出于什么考虑？请大家积极思考，在梦与关系的主体间的空间里施展自己。

韩教育在小组中分享梦之前，带领者做了一个干预。

韩教育对面的蓝妈妈听完这个梦之后，幽幽地说："刚才小韩说公主一个人在荒郊野外，我就感觉两个胳膊麻嗖嗖的，我好像都感觉到了那种荒郊野外的寒气，真是瘆得慌。"

高热忱：做梦本身就是一件很失控的事情，梦的底层就是焦虑和恐惧。

董英才这时对高热忱说："刚才带领者说了，是要把别人的梦当成自己的梦去理解和感受，不是分享知识。"

高热忱马上反问董英才："你不是一直对带领者不满吗？怎么现在又开始维护他。"

董英才：我对事不对人。

权灵感：因为我是男的，所以这要是我的梦的话，我可能对梦里的王子比较有感觉。王子从宫殿里出来、来到荒郊野外，他那么辛苦就是为了一个姑娘、心爱的姑娘，然后骑着快马回到王宫，正准备举办仪式，我感觉像婚礼，然后突然就一场空了，一无所有了。王子肯定很伤心。

权灵感像吟诗一样缓缓说出刚才的话，而韩教育的眼泪夺眶而出，她没有发出任何声音，眼泪无声地在脸庞流淌。大家看到这一幕，小组里某些部分似乎被缓缓地放了下来，越沉越深。就这样过了几分钟。

曹人类：如果这是我的梦，里面的公主不是我，王子也不是我，我已经过了当王子的年纪了，我想着这个梦里有一个证婚人没出现，就是那个隐身的国王。在我的梦里，我就是那个隐身的国王。国王刚开始允许王子把公主接回来，后来又像变魔术一样，把公主打回原形。梦里我要是那个国王，这个梦的结局就意味着国王要么对王子不满意，要么对公主不满意。

曹人类努力要把自己对于韩教育的梦的代入感描述得像一部童话，似乎在试图通过这样的方式调节小组的氛围。小组里的其他人一半在韩教育的眼泪里，另一半在她的梦里，气氛并没有因为曹人类童话般描述梦的方式而有一丝改变。

此时张孤单说话了。

张孤单：蓝姐刚才说的冷的感觉我也有。小韩在我旁边讲这个梦时，我脑子里就想到很多年以前看的电视剧《聊斋》，那个片头曲一响起，我全身的汗毛都竖起来了。这个梦里好像有鬼一样，这要是我的梦，我肯定会先让王子帮我抓鬼，而不是跟他回宫殿。

董英才看了张孤单一眼说："一个梦有什么好怕的，都知道不是真实世界的事情。在我看来，这就是一个大龄未婚女青年的梦，梦里想嫁人没嫁出去而已。这要是我的梦，不等仆人过来引路，我自己就会先坐到椅子上去。"

带领者：我刚才听到很多人都在努力幻想这个梦是自己的，然后进入梦的空间，这是不太容易的，感谢大家的努力。另外我想说，如果我们只是进入梦而不是改变梦的情节，这会使我们更加了解这个梦对自己、对小组的意义所在。

高热忱：如果这是我的梦，我会有一种被抛弃的感觉。而且前面感觉峰回路转，到最后还是一场空，什么也留不住，好像什么关系都靠不住，还是一个人孤独地在荒野里。我记得曾经看过一本书，书上说一个人的梦也是整个人类的梦，表达着整个人类的一个部分。我想小韩这个梦是参加小组之后才做的，这个梦跟这里的每个人都有关，或者这么说，这个梦的出现和梦的内容至少跟我有关，因为前两轮我在小组里很努力地想做点什么，想跟大家发展一些关系和互动，也在观察李老师作为带领者的干预技巧，可是到现在我仍然感觉什么也没留下，什么也没留住。李老师也没有正式地跟任何一个人单独对过话，都是对整个小组说话，我觉得至少我是没有被看到的。我曾经为了个人成长做过一段时间个体咨询，在咨询里无论咨询师跟我发生过什么，至少我觉得在咨询的 50 分钟里，咨询师是属于我一个人的。可是来到这个小组，我发现这个带领者不属于任何一个人，而且看起来没有什么情感，也没有太多的共情。我在想这是个体咨询和团体咨询的区别吗？还是李老师就是这样的风格？搞不明白，现在我好像一脑子糨糊。

董英才用一种颇为赞赏的眼神望向高热忱说："高老师，你说得真好，跟我心里想的一样。"

许不知：我实在是没有办法想象如果这是我的梦我会怎

么想，因为一来我从来没有在恋爱关系里那么憋屈，二来毕竟男女有别，这是女人的梦，我是男人，完全是两个世界的物种。就好像在梦里虽然是王子和公主，到最后不还是没在一起吗？

蓝妈妈：我想想象小韩的这个梦，可是刚好她就坐在我的对面，我看着她未语泪先流，心里很酸，也没法说梦了，我就是想问问她。

此时带领者打断蓝妈妈。

带领者：可不可以邀请你把"她"这个第三人称换成第二人称——你。就像刚才你说的最后一句话，"我想问问她"，变成"我想问问你"，可以吗？

蓝妈妈被打断一惊，听到带领者的话稍微想了几秒后说："好，小韩，刚好你坐在我对面一直在流眼泪，我想问问你，你还好吗？"

韩教育听到蓝妈妈的话，眼皮眨了一下，那像黄豆大的泪水夺眶而出，顺着脸颊流下来。她深深吸了一口气对蓝妈妈说："谢谢蓝姐，我还好。刚才大家说的对我这个梦的感觉和联想，哪怕是像李老师说的有一些改变情节的那些话，我都听到心里去了，就是觉得心里有一个地方绞痛。我在梦里对每一个画面的感觉都被大家说到了，还有一些大家说到的感觉是我没有意识到的，大家也都帮我意识到了，我很感谢大家。另外我也觉得自己占用了大家和小组的时间，挺对不起大家的。"

高热忱：小韩你别误会，我刚才说的对小组的失望跟你没有关系，我没有觉得你占用大家的时间，相反，你是这个小组里第一个报梦的人，我认为你很有勇气。

许不知：我也没有觉得你占用时间，而且你这个梦也挺有意思的，最起码让我知道女孩子原来那么想当公主。

权灵感：韩，我能问你吗，为什么我们在讨论这个梦时你的心会绞痛呢？

韩教育：因为这个梦跟我的现实生活很像。我和男朋友交往一段时间了，感情发展还算稳定，他很关心我，也很包容我。你知道吗？我这个职业有时候是"上班是天使、下班就是魔鬼"，有时候我加班或者开会后，晚上跟男朋友约会时就会拿他撒气，他知道我工作压力大，也对我很有耐心，连我身边的朋友都羡慕我有这么好的一个男朋友。其实我不是那种特别作的女孩子，他对我的好我心里都明白。最近我跟他订婚了，这本来是一件特别幸福的事情，我也感觉挺好的，可是订婚之后我就感觉不太好，也说不上哪里不好，就是晚上睡觉很困难，总是失眠，好不容易睡着了也会做很多梦，睡得特别浅。我自己的分析是我有恐婚症，总是感觉混乱。刚才大家说我的梦时，说到被抛弃、一无所有、被惩罚之类的感觉，我在梦里都有，好像我没有资格成为一个值得被爱的妻子，我很害怕失去我的未婚夫。

蓝妈妈听完韩教育的话轻叹一口气。

董英才马上说："小韩，你刚才说话用了很多个'我'字，这说明你还是挺有自我意识的，我倒是觉得你没有那么脆弱。女人进入婚姻都是很难的，基本上就是靠一个梦走进婚姻，结完婚梦就碎了，总之我觉得嫁给谁都亏。"

许不知：董姐你是有故事的人啊。

权灵感：别打岔，韩姐你刚才说的这些吓了我一跳，因为有时候我女朋友不知道什么原因就会突然搂住我，让我承诺别离开她，我总是搞不清楚她到底发什么疯，你刚才说的话让我有一点明白了，谢谢你。

蓝妈妈：我觉得小韩刚才说的话很真实，也很心酸，你这么好的一个女孩子，应该有人爱、有人疼，有了一个爱你、疼你的人，你还不知道什么原因反而把自己搞乱了，你有什么委屈就说出来吧，别压在心里。

许不知侧脸看着蓝妈妈说："你怎么逮着谁就给谁当妈。"

蓝妈妈回应许不知："别瞎说，你不是女人，你不懂。"

高热忱：刚才我听见带领者跟蓝妈妈有个对话，让她说话换人称，他终于跟个别成员有交流了，我觉得带领者还是能听进去意见的。还有小许，我看你这个吊儿郎当的样子就像小韩梦里的那个王子，极度不靠谱。

张孤单：那我是梦里的那片荒郊野地吗？到现在我还浑身发冷。

权灵感：那我是梦里的椅子吗？因为我女朋友不相信她在我心里有把椅子？

曹人类：那我是梦里的那些仆人吗？刚才我想说点黑色幽默的东西，活跃一下压抑的气氛，但好像都没影响到谁。路人甲，一点都不被需要啊！

大家听到曹人类的话都笑了起来。

高热忱：小曹，你现在影响到这里的每一个人了。优秀！

此时小组结束的时间就快到了。

带领者：感谢大家的发言，也许大家发现了，当一个组员努力地信任小组并交出自己的梦时，其他人都会在这个梦里找到自己的角色和产生共鸣的部分，从这个意义上来说，每个人都可以借着一个梦来体验他人和自己的内心世界，梦在小组里就像一剂药引子，使每一个人都成了一味药，彼此可以互搭药方以排毒养颜。当然，梦是不会结束的，我们的小组也刚刚进行了 1/4，下周见面之前，我仍然会邀请大家关注自己的梦，并且回味和反思这一轮你与他人的关系体验，那么我们下周见。

以上就是第三轮的下半轮。

小组开始在一个人的梦里寻找一群人的无意识分配，每一个成员都会在梦里认领一部分与自己内部世界高度共鸣的情绪或角色。于是，在一个梦的工作平台上，一群人的潜意识不仅更加靠近，并且开始编制群体潜意识的矩阵。成员们虽然成长经历不同，家庭与社会文化背景各异，可是在某些生命中的重要及转折时刻，彼此的感觉与体验是高度一致的。在梦的流动中，这种一致性会更快、更深地被组员们感觉到，小组凝聚力的发展进入了一个更深的层次。另外，组员在使用梦的语言交流，这是一种极具象征化及隐喻的语言。小组正在这个过程中形成自己的文化并开始从关系的归属感升华到灵魂的归属感。众所周知，人属于关系，可灵魂却属于文化。

在这个过程中，带领者首先要管理小组成员不去改变梦的剧本；其次要鼓励组员使用"你"这个字以展开面对面的对话；最后，也许你能很明显地感觉到韩教育的垂直暴露，也就是对亲密关系历史的暴露并不充分，而带领者并没有继续加深这个部分。你如何理解带领者的有所为和有所不为呢？如果你来带领小组的梦，你会如何工作？人际、创伤与梦是人类文化里永恒的话题。

第四轮

要幸福，不要焦虑

　　场地、时间设置依旧，小组开始的时间到了，无人请假、无人迟到，座位图如下。

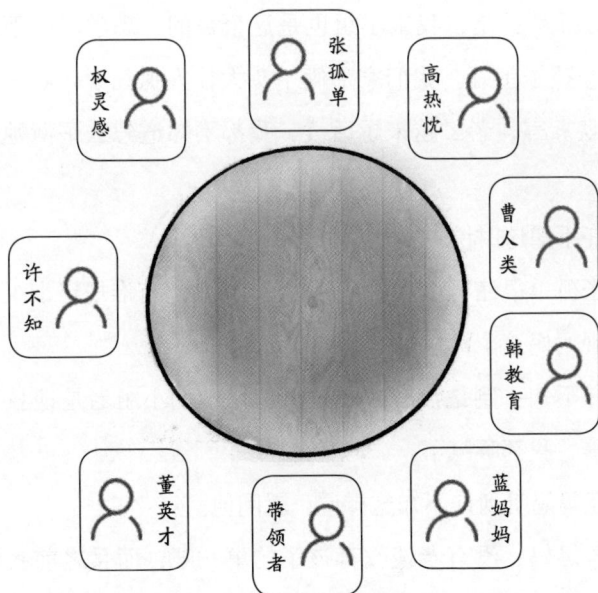

权灵感　张孤单　高热忧

许不知　　　　曹人类

　　　　　　韩教育

董英才　带领者　蓝妈妈

带领者：欢迎大家回来，这一次仍然没有人迟到，时间依旧、设置依旧，现在是 7 点半，咱们 9 点结束，可以开始了吗？

也许是上一周梦的余味还没有消散，大家都看着韩教育。

韩教育：谢谢上周大家对我的梦那么热心，我学到好多东西，至少我觉得没有那么孤单了。我也想问张姐，你怎么样？我记得上周小组快结束时你说浑身发冷。

张孤单：谢谢，上周回去的路上就暖和过来了，到家跟两个孩子玩了一会儿就没事了。

蓝妈妈：小张你有两个孩子吗？真没看出来，那一定挺闹心吧，我这一个都搞不定。

张孤单：是，我来小组也是这个目的，想学习一下怎么把两个孩子带好。我们家那俩丫头太让人抓狂了，老大越来越沉默寡言，老二越来越活泼，我都不知道怎么平衡她俩的性格。

许不知这时说："怎么又出来一个妈。"

张孤单很诧异地看着许不知，问他："有谁规定小组里不能出现妈妈这个角色吗？"

许不知：倒是没有人规定，但是咱们小组老是谈教育孩子的事，我都听腻了。

蓝妈妈听到许不知这样说，就问他。

蓝妈妈：没有老谈教育孩子的事儿吧，而且之前我谈我儿子的事情，都没有谈透，我到现在心里还堵着呢。这个小张刚开个头，就又被你堵回去了，那你想谈什么，要不你起个话题。

许不知：只要不谈妈妈和孩子的话题，我都行。

许不知斜对面的高热忱问他："你不喜欢听亲子话题，跟你和你妈的关系有关吗？"

许不知：这个小组就是我妈让我来的啊，她学了好几年心理学，我觉得她都学傻了。有一段时间总是给我道歉，说什么我小时候她对我没有耐心，觉得没让我的童年过好，然后又过一段时间就说我不跟异性建立稳定的亲密关系，说我换女朋友太勤，说我依恋关系不成熟，巴拉巴拉的。

旁边的权灵感一边笑一边问许不知："那你自己觉得呢？"

许不知：半年换一个女朋友算勤吗？再说我也没有玩弄谁啊，就是的确感觉不合适才分开的，你们难道认为我是一个始乱终弃的人吗？

韩教育此时非常认真地问许不知："你是不是跟我有点像，很害怕走入婚姻。"

许不知：我也不知道，反正恋爱一开始我都是奔着结婚去的，后来慢慢就感觉不对了。

张孤单：哪里不对了呢？

许不知：我不想说了。

此时董英才插话：我怎么觉得咱们这个小组很奇怪，这里男人跟女人说话时，大多都是调侃的语气，女人跟男人说话时，好像在跟外星人对话。

许不知：董姐你说得太对了，就是这个感觉。刚才我都感觉自己好像躺在手术台上了，马上就要下刀子了。学心理学的那个名词叫什么来着？哦，对，野蛮分析。

高热忱：谁乐意分析你啊，你又没付费，你分不清什么是关心什么是窥私吗？

许不知显然被高热忱后半句话击中了，陷入了思考。

此时带领者开始说。

带领者：我刚才听到小组里正在讨论两种关系，一种是有血缘的关系该如何相处，第二种是没有血缘的关系该如何相处，大家还讨论了这两种关系的相关性。当然了，这些话题看起来刚刚启动，不太清楚接下来的方向。

听到带领者把话题这样分类，小组成员都陷入了沉思。

五六分钟后权灵感说："小组一开始时，小韩一上来就感谢大家，其实我觉得没有必要，因为上周我在你的话题里也学到了很多东西。我之前不太知道女人的心思，对女朋友其实也没有什么耐心。我的工作本身就需要非常多的耐心，下班之后其实心里很烦，女朋友稍微任性一点我就不耐烦了。现在想想，这是不对的，起码是不妥当的。上周团体治疗结束之后，我回去就请女朋友吃了顿火锅，虽然嘴上没说什么，但是我能感觉她还是有点开心的。所以我想说，小韩，谢谢你。"

韩教育：别这么说，我都有点不好意思了。

曹人类：刚才我听你们聊的这些关系的话题的核心就一个，不成熟。当妈的没有妈样，当孩子的没有孩子样，男人没有男人样，女人没有女人样，失序失位。我提一个我的观点，我问问你们，无论亲情还是爱情，不都是应该让人变得更成熟吗？怎么听你们的意思，在亲情和爱情里，人反而变得困难重重，找不到自己了呢？

董英才听到曹人类的话，似乎有了一种棋逢对手的感觉，马上开口。

董英才：在成熟之前要发现自己的不完美。在真正的爱里，需要有勇气先发现自己的不完美，只有能接受自己的不完美才有可能变得成熟，要是接受不了、习惯把问题扔给别人，这个扔的过程，就会让人显得没有那么成熟。

曹人类马上反驳："扔个一次两次就罢了，要是老扔算什么呢？孔子当年弟子三千，七十二圣贤，有个学生叫颜回，孔子夸他不迁怒，不二过。这个不二过，就是一个错误不犯两回。古人都能做到，怎么今人做不到了呢？难道人类在退化吗？"

董英才：那你做到了吗？

曹人类：坐而论道，别往个人身上扯行吗？

大家都笑起来。

高热忱：你们说的话都太抽象了，我觉得离题千里了都。我现在还在关心小许，刚才我的话没有伤到你吧？

许不知：没有伤到我，你想多了。不过你说我分不清关心和窥私，我想了一下，确实有点意思。我前面的几任女朋友要是老问我在哪儿、跟谁在一起、在干什么，我就会发火。她们当时说的就是关心我，但是我的想法就是自己被监控了，好像被审查一样。

高热忱：那你希望别人怎么对你呢？

许不知：我没有想那么多，保持正常交往不就可以了吗？为什么问我那么多呢？也有可能是因为我是一个街舞老师，接触的女孩子比较多，女朋友不放心吧？

张孤单听许不知说到自己的职业，瞬间来了兴趣。

张孤单：街舞老师是不是身体都特别灵活？

许不知：还行，要是能教别人，首先自己得有两把刷子。

董英才：也许你自己感觉挺潇洒，但是你吸引来的都是没有安全感的女孩子，所以你也不是无辜的。

许不知：什么叫吸引来的？

董英才：你没发现刚才你说自己是街舞老师时，小张眼睛都放光了吗？这不就是吸引吗？

张孤单脸上闪过一丝尴尬。

张孤单：我只是好奇小许的职业，我只在电视电影里看过街舞老师，没想到今天遇到真人了，就特别想问问。哎？不对啊，董女士，你的意思是我没有安全感吗？

高热忱此时插话："小张别介意，女人都是没有安全感的。"

张孤单：不对，在这里，高姐你是一个，董女士算是一个，你们俩说话时给人感觉底气很足、很笃定、很有力量。我想问问你们，你们是怎么做到的？

董英才：谢谢你的夸奖，可能跟职业训练有关吧。我在企业里负责培训的事情，一个培训要顺利开展、要有好的效果，千头万绪，各项事务都要提前计划好，筹备好。过程中还会有很多突发事件，还要做好几套预案，不沉下心来是干不了这个事情的。

张孤单听完这些话，若有所思地点点头。紧接着，高热忱说："因为我在社区工作，也会遇到好多突发事件。社区那就是一个小型的社会，各种家长里短，各种邻里纠纷，各种上传下达，如果心不细、说话没有分量是干不了这个工作的。"

张孤单听完后说："我就是想要你们身上的这种能力。我生完孩子之后就没怎么出去工作，偶尔出去教小孩子弹钢琴，就算是做钢琴老师，也大多是去琴行或别人家里，我觉得自己跟社会没有什么真正的接触，感觉自己跟这个社会脱节了。在教育孩子时，我总觉得力不从心，每天就是照顾两个孩子的吃喝拉撒睡，我在精神层面感觉很匮乏。"

许不知：怪不得你对我的职业感兴趣，我是动的，你是静的，一动一静。哈哈，咱们应该多多互相学习交流。

蓝妈妈：刚才小张说了对董和高的感觉，我其实不太认同。我知道女人要如此坚强、要独立面对工作，还要出类拔萃是很不简单的，很不容易。我觉得，小高和小董人前笃定，人后不知道流了多少眼泪。咱们小组可不要捧杀啊！

张孤单听到蓝妈妈这样说马上回应。

张孤单：蓝姐我没有那个意思，是真的想跟她们俩学习。

然而，董英才和高热忱听到蓝妈妈的话，眼前为之一亮。沉默了一会儿董英才才开口。

董英才：我之前以为蓝姐你就是一个焦虑的妈妈，要来解决孩子上学的问题，但你刚才那番话真的刷新了我对你的认识，你看问题还是挺透彻的，我对你的印象改观了。

带领者：听起来小组里成员之间的关系有了一些更丰富的发展，比如彼此的交流从一开始的试探、碰撞发展到探索彼此更深处的体验，开始多了一些相互的支持和确认，仿佛你能从别人那里看到一些你想模仿和学习的部分，成员之间能够直接地表达对彼此的需要是不容易的，这需要更深层的信任和相互的依托。

韩教育：刚才我虽然没怎么说话，但是听大家的对话觉得心里暖洋洋的，比上一周大家讨论我的梦还要暖和。

以上便是第四轮的上半轮。

从内容方面来看，在这半轮中，小组发展了很多议题，有亲子关系的边界议题，有亲密关系的边界议题，有对情感和关系哲学化归纳和反思的议题，还有对彼此职业角色的浓厚兴趣，组员们开始关注社会角色在关系中所能引发的联想。通过如此多的议题我们可以看到，小组是如何发展自身、如何扩大自由空间的，小组似乎在扩大自己所能触及的疆域。小组开始在议题方面追求一种自由感。

从组员之间的关系来看，他们彼此都在更加正式、全面、深入地向他人介绍自己，把自己更加完全地交给关系。但是，上半轮有一个片段，组员借由一段哲学来回避关系对自己产生的更深的影响，然而后面他又继续在关系里追求完整的自己。他们在学习如何接受更加全面和完整的彼此，并且小心翼翼地触碰创伤；他们在进行某一段自我探索时会点到为止，小组在循序渐进地发展一种新的对内在痛苦的理解力和把握力。

那么从潜意识角度来说，组员们在积极地寻找配对。虽然第三轮下半轮的梦中的各种情绪和体验以组员角色分配的形式使组员完成了对梦的活现与再次思考，然而梦中关于孤独和死亡的气息被滞留到第四轮。而小组消化这些气息的方式便是创造配对，也就是帮助者寻求被帮助者的痛苦，功能压抑者寻求功能亢进者的活力，过度理智化者寻求辩论对手，等等。这些配对的形式和内容都可以有效地以人们希望体验的形式流动，最大限度转化笼罩梦境的死亡气息。请注意，在配对机制出现之前，小组出现了另外一种机制，之前的这种机制没有完全形成便被配对替代了。此处需要你观察和思考：这种机制是什么呢？这两种机制为何会出现此类过渡呢？请你尝试像讲故事一样总结你在这一轮的自由联想。

上半轮的最后，韩教育表达了感觉小组里暖洋洋的。

蓝妈妈：听到小韩这样说，我还是挺内疚的，我突然感觉我跟孩子他爸这么多年来，为了教育孩子不知道争论了多少次，就是没有给孩子创造一个暖洋洋的家庭氛围，孩子在那样的环境里肯定没有办法舒展，这是我刚才想到的。

张孤单：小韩也挺打动我的。在我的两个闺女中，我比较喜欢老二，心里不喜欢老大。我想老二感觉家里就是暖洋洋的吧，老大可能感觉家里就是冰冷的。一个家被我搞出了两种气氛，我这个当妈的真是不称职。

许不知：别，两位妈妈别这样啊，反思自己时都无比深刻，过了今天该怎么做还是会怎么做，别给自己加戏啊。

韩教育：小许你怎么能这样说？你没有看到张姐和蓝姐说的话都是发自内心的吗？

许不知：发自内心又怎么了，睡一觉就全忘了。

权灵感看了许不知一眼，说："有点过了啊。"

许不知没有理会权灵感。

小组陷入了沉默。蓝妈妈和张孤单一脸受挫的表情，而许不知则一脸无所谓。

过了大概五六分钟，蓝妈妈缓缓抬起头。

蓝妈妈：刚才小许说的话是不好听，可是也有几分道理。来这个小组之前，我也体验过一些亲子教育的课程，课上也说，要孩子改变，父母应该先改变自己。眼泪也流了不少，可是改变谈何容易呢？谁不想和孩子和和气气的，谁不想自己的孩子令自己骄傲？可是每次就只能改变几天，过几天就又回到原来的样子了，改变自己太难了。

高热忱叹了一口气说："蓝姐你也别太绝望，有多少当爹妈的愿意付出这么大勇气来参加这种体验性小组呢。之前你学的那些课程都只是改变想法的，是那种改变认知的，受教育型的，不触及灵魂，肯定会有反弹。我觉得在这里接受的是不一样的概念，只要你愿意，就可以多说一点，你说得多，就收获多。"

蓝妈妈充满感激地看了高热忱一眼。

蓝妈妈：谢谢小高。我这个孩子来之不易，当年我有习惯性流产，前面两个孩子都没保住，当时我都在想是不是这辈子我就没有当妈的命。后来好不容易把这个儿子盼来了，我那时是绝对卧床，想了很多办法保胎，很不容易。虽然怀孕就几个月的时间，但对我来说，心惊胆战了好久好久，真的感觉是好久好久。孩子有点早产，出生时还住了保温箱，我真的很感谢他给了我一个当妈的机会。

蓝妈妈一边说一边抹眼泪。韩教育从兜里拿出面巾纸递给她一张。

蓝妈妈：谢谢。后来我奶水不是很足，就又感觉对不起孩子似的，变着花样给孩子添辅食。可能因为对孩子有亏欠感，加上这又是一段来之不易的母子情，孩子小时候我对他有点娇惯。大概在他四岁时，我们单位组织去外地学习，一去要一年多，我也没有办法，就把他放在他的奶奶家养了一年。我每周都给他打电话，我感觉孩子就是从那个时候开始变化的，不像我走之前那么活泼了，好像开始有心事了。后来等我学成回来，我们母子俩的感情就好像僵住了，他也不主动找我了。我想了很多办法补偿他，给他买玩具，带他旅游，但我们的关系就是没有什么变化。

韩教育在旁边一边听一边流眼泪，当听到蓝妈妈说出去学习一年时，韩教育的抽泣和哽咽突然停了下来，眼睛死死地看着蓝妈妈。蓝妈妈也感到了气氛微妙的变化，一副欲言又止的样子。

韩教育问蓝妈妈："你出去学习，征得孩子的同意了吗？"

蓝妈妈：没有，当时不敢问，想着孩子那么小，也不会有什么大事吧。

韩教育紧接着用一种近乎咆哮的声音说："谁说没有什么

大事！那么小的孩子，当妈的不在身边，撇下孩子去外地了，人是没死，但在孩子心里就跟没妈了似的。天下哪有那么狠心的妈妈，自己的孩子都不要，去学什么狗屁，有什么学习比孩子还重要。"

蓝妈妈听到韩教育的话，浑身都在颤抖，眼泪像决了堤的堰塞湖，一股脑地倾泻下来。

小组里其他人也被韩教育的咆哮吓呆了。小组此刻像是受到了无形的冲击，从外面看好像没有受损，但里面其实已经支离破碎。

蓝妈妈用一种呜咽和悲恸的口吻说："我也不想，实在是没有办法，事业单位没有那么自由，都要听从组织上的安排，我也不想。"

韩教育继续用一种咄咄逼人的口气追问蓝妈妈。

韩教育：你不就是想被提拔吗？不就是嫌弃孩子磨人吗？为什么不敢承认？推三推四的有意思吗？作为一个成年人，难道自己不知道自己想要什么吗？

曹人类此时抓耳挠腮，似乎快爆炸了。

曹人类：怎么有一种孟姜女哭长城的感觉呢？这是把谁的尾巴踩了吗？

高热忱对曹人类说："又是这种不合时宜的冷幽默，一点也不好笑，甚至很可笑。"

然后，高热忱对韩教育说："你怎么了，是不是蓝姐的话触碰了你的某段回忆？"

韩教育：我最讨厌自以为是。刚才蓝姐说她在她孩子四岁时去学习了。我连四岁都没有，刚出生就被抱到姥姥家养。我妈说她工作忙，没时间带我，其实就是嫌弃我，就是不要我了。

当听到韩教育说"不要我了"这几个字时，张孤单的眼泪也夺眶而出。

高热忱：小韩，你听我说。你一出生你妈妈没有在你身边，这也不是你的错。你没有错，你仍然值得被爱。

此时董英才对高热忱说："高姐你怎么跟个咨询师似的，在这里做上咨询了吗？这种鸡汤能帮到人吗？"

高热忱：小董你什么意思？现在小组里几个人都在哭，难道大家都该像你一样坐视不理吗？我做不到那么冷漠。

董英才：别人在哭，我们就需要给他们一个空间，让他们可以哭个痛快。你这么快就迎上去，非要构建一个意义出来，这就是热心吗？我看是你在贩卖自己的焦虑吧？

带领者：我刚才听到有一个妈妈似乎在忏悔，有一个孩子似乎在呐喊，而这里的人也在这个忏悔和呐喊之间来回摇摆，似乎现在我们这里只有一种关系形式——亏欠的形式，要么你对不起我，要么我对不起你，我们也许在集体制造亏欠感和内疚感。我想问候一下小组里处在情绪旋涡里的人，你们的眼泪可以变成语言吗？这样我们就有机会在一起体验一些东西，而不是把这些东西抛来抛去。

此刻小组沉淀了一下，就好像有个东西落了地，所有人都陷入沉默，哽咽声、眼泪落在地板上的啪嗒声、男性成员的叹息声……各种声音混合在一起，代替了人的语言，成了小组此时共同的发声。

张孤单首先回应了带领者。

张孤单：我的眼泪里都是问号，我想知道什么是爱。

许不知突然被张孤单的这句话击中，你能看到许不知胸膛的起伏越来越大，他大口喘着气。

许不知：都是骗子，都是骗子！口口声声说爱别人，其实都只爱自己。

男性成员的咆哮与女性成员不同，这是一种洪钟般的震荡，听者无法聚焦于那个发力的中心，可是小组此刻完全被震荡的声波淹没。

蓝妈妈深吸一口气，尽量不让眼泪和哽咽影响自己说话。

蓝妈妈：对不起大家了，都是我不好，把大家带进这么不好的情绪里。

许不知：就是这样的，无比坦诚地说自己对不起别人，用内疚控制别人，这样对方就无法再说什么了。愧疚、内疚、罪恶感就是堵住别人嘴的最好利器。

张孤单对许不知说："够了，你永远不会懂当妈的人内心的纠结。"

此时韩教育对张孤单说:"是人就纠结,没有那个能力就别当妈啊,有人逼你当妈了吗?哪个当妈的敢拍着胸脯说对得起自己的孩子?谁?谁敢拍着胸脯说这个话?反正我是没见过。刚才带领者问眼泪怎么变成语言,我的眼泪里都是不值,就是不值。有人问过我愿不愿意来到这个世界上吗?把我一个人扔到别人家里,有人问过我愿不愿意吗?要走入婚姻,有人问过我准备好了吗?"

曹人类坐在韩教育身边,听到这些话,不断调整身体的姿势,看上去十分不适。

曹人类:那小韩你是在朝着谁生气呢?到底是谁伤害了你?

没等韩教育回应,高热忱说:"又打岔,小曹你能安静一会吗?小韩能表达出这份愤怒就很不错了,要是憋着不说,都朝自己来,不就更糟糕了吗?"

权灵感:我现在坐在这个位置压力挺大,我感觉右边的小许都快要爆炸了,左边的小张一直在抽泣,对面蓝姐和小韩也在一边流眼泪一边吵架,现在小组里好乱,我心里也挺乱的。蓝姐,我听了你的经历,觉得你作为母亲已经很努力了,你用尽全力要当一个好妈妈,我能感觉到。小韩你当年做孩子也很不容易,亲妈在你那么小的时候就不在身边,你还能够努力活下来,有能力在这里表达,也是很有力量的。小许,你刚才说的全是爱自己的话,我能体会你对自私非常不满。小张你刚才问什么是爱，我其实也不知道，我和你一样很无助。

权灵感回应了他左右两边和对面的人，他似乎是目前小组里唯一一个值得依靠的男性角色，他的发言使小组安定了一些。

带领者：我能体会大家内心的某些部分有些失控，而这个部分在过去那么多年的时光里一直让你们隐隐作痛，现在借着小组和彼此坦诚的力量，这些隐隐作痛的部分终于可以浮出水面。人们在面对这些时，有时会产生一种奇怪的自我陌生感，不太确定这份隐隐作痛究竟是不是自己的一部分。有些东西好像沉在下面时还是完整的，浮出水面后却瞬间破碎了，一片一片的碎片又再次扎到了心尖上。最后感谢大家的坦诚分享、勇敢面对和对小组的信任。团体治疗结束的时间到了，未来一周请关注自己的梦，下周同一时间见。

带领者做完小组的小结，用眼神和每一个人确认，然后离开小组，而组员们并没有马上离开座位，他们还需要一些时间安顿自己。

以上便是第四轮的下半轮。

首先来看小组的内容。经过上半轮配对动力的相互确认和进一步试探，小组在下半轮开始发展与亲密关系创伤有关的回忆活现。有妈妈的角色在表达成为母亲的艰难，也有孩子的角色在表达被抛弃后的自我否定和迷失感，更有被这些强烈情绪体验感染而充满情绪张力的个人对关系中责任的思考。

其次来看小组的关系。一个成员的暴露引发了另外一个成员的暴露，小组尝试涵容这些关系中的起承转合。组员们生命中某一段时光的剧本被缓缓展开后，其他人会投身于这个剧本，成为其他角色，这些并非来自同一个家庭的人却在同一个剧本中找到了最符合当年自身体验的角色，一部分角色在活现，在重复之前的体验，而另外一部分角色在发展，在离开当年的角色。那么在这个活现、重复到发展、离开的过程中，小组是如何反应的呢？带领者又是如何干预的呢？怎样的工作可以促进这个过程，那么怎样的干预会阻止这个过程呢？

最后来看潜意识。下半轮的动力是战斗逃跑，有一些成员互为当年的坏客体，在彼此冲突、彼此对抗、为此战斗，而与此同时，另外一部分人却不知道该投身于哪一个角色或哪一部分角色。这些人游荡在小组中，仿佛找不到帽子（角色）的人。请从你的观察和感受中，找出下半轮中彼此战斗的人及逃跑者。你还要注意，战斗者有没有在某个时刻变成逃跑者，逃跑者又有没有在某个时刻成为战斗者？如果有，那么这两个角色是如何转换的？

关系像迷宫，指南针在哪

场地、时间设置依旧，小组开始的时间到了，无人请假、无人迟到，座位图如下。

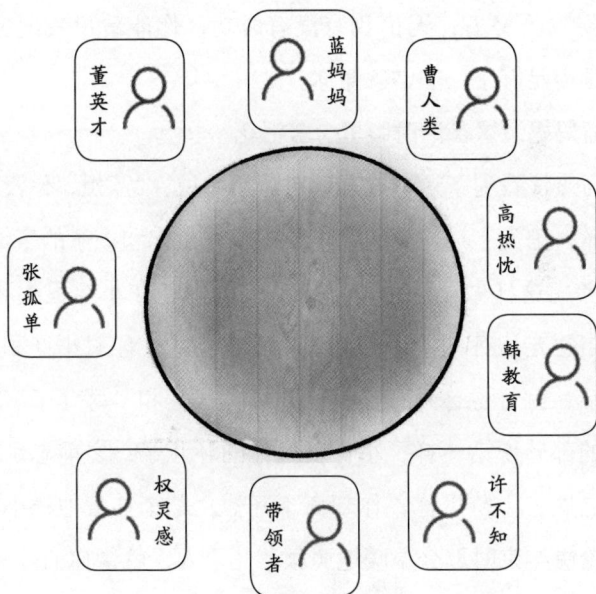

带领者：欢迎大家回来，本轮无人迟到、无人请假，时间依旧、设置依旧，现在是 7 点半，咱们 9 点结束，可以开始了吗？

大家略有恍惚地点了点头，示意可以开始。

小组里的所有人几乎都在略微低着头沉思，没有人说话，只有权灵感一个人一会儿看看这个，一会儿看看那个，显得有点放松。过了大概 5 分钟，蓝妈妈抬起头，看着对面的许不知。

蓝妈妈：我想再次给大家致歉，我不是想拿内疚堵谁的嘴。

然后蓝妈妈又看向权灵感说："上一轮快结束时你说的那番话对我很有帮助，因为你说我在努力做一个好妈妈，你能感觉到我的努力，无论我有没有成功，你能看见我的努力，我就觉得足够了。非常感谢你。"

蓝妈妈说这番话时眼里含着泪花。

高热忱看到了这个过程，对蓝妈妈说："蓝姐，你没有必要道歉，因为上一轮是我邀请你多说一点你和孩子的事情的，我是考虑这样做能让你不那么压抑、别老在小组里找儿子，就像自己走进死胡同一样。这不就在刚才，你对小许和小权说的话，就好像你对孩子身上'坏儿子'和'好儿子'两个不同的部分说话一样，小许就像你的坏儿子，之前总是对你冷嘲热讽，不待见你，你却离不开他，总牵挂着他；小权在上一轮快结束时那么温暖地照顾了几个人，就像你的好儿子，小权将你想要的那份来自儿子的理解给了你，你对儿子厌恶和喜欢的部分都在这里呈现了。"

蓝妈妈非常仔细地听高热忱说完，问她："你说的真有道理。那按照你的说法，把小许和小权合在一起，就是我的孩子了？"

董英才：合在一起就是他俩中间坐着的李老师了，李老师是蓝姐最棒的儿子。老高，你是这个意思吗？

许不知看着带领者哈哈大笑，似乎有一种吹口哨的感觉。

高热忱：我不是那个意思，我的意思是，蓝姐分别在小许和小权身上看到自己家孩子身上不同的部分，这些部分可以让蓝姐更清楚地看到，她和孩子之间到底发生了什么。

这时张孤单说话了。

张孤单：我也挺感谢上一轮小权对我的关注，他看到我一直在哭。还没人回答我在上一轮提出的问题——什么是爱。

韩教育：不抛弃、不放弃就是爱。

张孤单：如果一个人伤害了你，你还对这个人不抛弃、不放弃，也算是爱吗？

韩教育：孩子有时候就是会伤害父母，难道父母要把孩子扔了吗？

张孤单：我说的不是血缘关系。

韩教育：那你说的是什么关系？

张孤单：是婚姻关系。

韩教育：如果你们都有孩子了，这就存在变相的血缘关系了呀，你们两个人的精血都在孩子身上了。

张孤单：那如果对方出轨呢，要不要放弃？

韩教育微微一怔，不再说话。

当然小组此刻有惊讶反应的不只韩教育一个人。

曹人类：在上一轮，尤其是上一轮后面的时间，小组里真是天昏地暗。我就在考虑，这个集体发展出了一种什么样的制度，怎么产生了孤儿院认亲的感觉？我说咱们刚刚熟悉起来，本来可以群英荟萃、各自深入地交流一下思想，怎么反而发展出一种不能过好日子的氛围。我跟你们说，审视全球的各类家庭，有的就是能过好日子，过不了苦日子，有的就是适合过苦日子，过不了好日子。咱们可别成了只能过苦日子的集体。刚才我听小张说出轨，信息量好大，我担心这个话题继续下去，小组的氛围就又跟上一轮时的氛围一样了。

许不知听完，接上了话。

许不知：卖惨大会呗，比谁更惨。

董英才：这样吧，让带领者说说，接下来咱们小组该怎么走？

带领者看看大家，说："需要我回答这个问题吗？"

小组中的大多数人都无助地点点头，看着带领者。

带领者：我可以感觉到此刻小组有一些挣扎。一方面，有人想将一些更加深入的生活和关系的体验投放在这里；另一方面，这也是在考验小组是否可以承受这些东西。如果小组是一口锅，也许有人会害怕这口锅碎掉。我此刻的责任就是和大家一起努力不让这口锅碎掉，使它可以承受大家内心将要释放的东西。

许不知：不是锅，是太上老君的炼丹炉，融入其中的人，要么炼个火眼金睛，要么就灰飞烟灭。

董英才对着对面的许不知说："之前我觉得你这个小伙子说话一针见血，黑色幽默中透着深刻，像脱口秀，但现在看你就像一个小丑，你害怕别人走到你心里，你也没有能力走到别人心里，就靠一点小把戏刷存在感。"

蓝妈妈：董女士，请你别这样说可以吗？我认为小许虽然有时候说话不好听，但最起码很真实，不像你，你只对带领者感兴趣。

高热忱：嘿，妈妈和坏儿子团结起来了，董女士你做了一件好事。

董英才：整天说这些家长里短能有什么前途呢？就跟单位某些员工似的，给他们安排了一些情绪管理的课程，进行得稍微深入一点他们就开始谈这些家长里短，谈孩子教育，这些完全不是成熟的职业角色。

高热忱：大家到这里也不是来上班的啊。

董英才：是的，我就是想问问，你们花了钱、花了时间到这里来，谈的全是别人，像谈孩子的、谈妈妈的、谈出轨的，你们有没有真正谈论过自己、面对过自己？

曹人类：这话说得好！要是没有自己，别人也不会瞧得起你。咱们是为自己而活，不是为其他人而活。

权灵感：那我想问，董女士和老曹，你们到底想说什么？

董英才：我就想说，咱们能不能谈点怎么能更好地适应这个社会的话题，跟你们之前说的也不矛盾，比如蓝姐的孩子不上学了，就是适应不了学校这样的社会；小韩害怕结婚，没办法走入妻子的角色，这也是无法进入社会角色的表现；还有小许，就爱逞一时口舌之快，完全没有融入社会主流文化，这些其实都跟你们的社会角色被卡住有关系。

高热忱：那人的情感呢？情感不舒畅，心里犯堵，又该怎么办？

董英才：这就是社会淘汰人的机制，你不行有人行，你愿意沉浸在自我幻想的情绪中，有人不会。情绪能解决什么问题？不信你们问问带领者，小组开始以来，他有过什么情绪？如果他有情绪，怎么带好这个小组？

这时所有人的目光都投向带领者，带领者也看看大家。

带领者：此刻我就有一个感觉，我觉得好尴尬，好像有情绪不对，没有情绪也不对，总觉得有些东西是不可割裂的。坦白说，上一周小组结束后，我就有一个情绪，是牵挂，因为上一轮小组里有很多人把很重要的东西放在小组里了，不知道小组结束后，这一周你们过得怎么样。

蓝妈妈：上周小组结束后，我回去后感觉好累，就好像刚爬了座山，有那么一两天茶饭不思，偶尔还会愣神儿。不过有一点变化，就是看见儿子时心里没有那么焦灼了，好像看他顺眼了一些，不过也没维持几天，昨天看见他时就又开始烦了。

韩教育：我其实不太理解自己上一轮的表现，感觉自己有点控制不住自己，说了那么多话，其实都没过脑子。回去之后想起这些会有点害怕，就好像心里有个怪兽被放出来了一样，可是睡眠变好了，也不知道是怎么回事。

张孤单：上一轮我哭得很厉害，我很久没这样哭过了，上一次这样哭还是在发现孩子她爸出轨的事情时，也就是在一年前。那个时候，我想死的心都有了。看来一年多了，我还没有放下。

此刻高热忱绕过带领者的邀请，对张孤单说："小张，那你能多说一点吗？别憋在心里。"

许不知：高大姐，你怎么不长记性，你刚才不是说不再鼓励别人多说了吗？

权灵感：刚才小张，哦，不对，张姐说"出轨"这两个字时，我就觉得背后有故事。我一直在好奇，但也不想因为自己的好奇过多问她，如果你愿意，张姐，你就多说点吧。

张孤单：我觉得刚才董姐的话挺对的，要在社会上站住脚，人家才会尊重你，所以董姐的话我都很认真地记在心里了。我的故事也没有什么特别的，就是在一年多前，偶尔看到老公手机上有去宾馆开房的转账记录，我当时没绷住，大发雷霆地质问他。他最后承认了，是跟他的前女友旧情复燃了。这是一个很老套的情节，俩人在同学聚会上见了面，一来二去就开了房。我发完脾气后就开始每天以泪洗面，想了一个月，觉得应该离婚，但是实在不舍得两个孩子，老二当时才两岁多一点，我不忍心两个孩子看着爸妈离婚。想了很久很久，到现在我也还没想清楚。我在想，如果我有一份工作并且收入稳定，那我的见识肯定跟现在不一样，我会更独立一些。因为我现在的收入不稳定，所以选择的余地很小。不好意思，我讲得有点乱。

张孤单说这些话时几乎没有任何情绪波澜。大家听完似乎有些意犹未尽，同时也有种如履薄冰的感觉。

沉默了几分钟后，高热忱说："小张，你在讲这些话时看上去很冷静，是不是你丈夫出轨前你们的关系就不是很好？"

张孤单：当初和他谈恋爱时，我就没有爱的感觉。我不知道小说里描写的那种女孩子心中小鹿乱撞的甜蜜是一种什么感觉，我就是为了结婚而结婚。

韩教育深呼吸，说："我就是害怕变成这样的妻子。"

高热忱仍然没有得到她想要的答案，继续问张孤单："你能谈谈你的童年吗？"

许不知扑哧一声笑了出来，大家都很诧异。

许不知：又开始做上咨询了。不是应该先谈收费吗？

小组没有人笑，大家都很不理解许不知说这句话的意思。

带领者：我发现组员之间的互动目前有两种不同的维度，一种是大家静静地听一个人述说他的过去，似乎坐着时空飞车跟随这个人的描述进入了他的回忆；另一种是彼此在当下互动和碰撞，彼此评价并反馈感觉，二者皆有。我在想这两种不同的维度是如何产生的，又是如何影响咱们的关系和小组的发展的？

以上便是第五轮的上半轮。

首先来看小组的内容部分。小组成员对上一轮的互动做了一个简单的梳理和总结，有的成员表达了对他人的感谢，有的成员表示给小组添了麻烦，有的成员希望在整体层面上别再重复上一轮的氛围，还有的成员试图分析其他成员之间发生了什么。这些过程使小组的内容像汉堡包那样有了更加鲜明和丰富的层次，有的人在进行个体发言，有的人在进行关系发言，有的人在进行整体发言。内容的张力布满了这些维度。

其次来看小组成员之间的关系。在第四轮的下半轮，有成员暴露了自己的亲子关系历史，其中有各种各样的体验，也包含创伤的部分，这会使组内有相同体验的不同角色之间产生融合的感觉，似乎自己过去的生活经验被他人的体验穿透，在痛苦里与各自被分配的角色相遇。因此在第五轮伊始，组员们会先来处理边界的议题，也就是在痛苦的融合体验中重新划出彼此的边界和领地，以凝聚力量发展后续的关系——既可以融合又可以分离的关系。在这个阶段，组员之间可以被影响的部分已经开始被慢慢地、充分地搅动，而不能被影响的部分被组员们使用各种各样的防御手段囤积起来并自我强化。所以，在这个阶段你会发现，组员们的特质越来越鲜明，每个人与其他人的关系也好像具备了某些循环模式。

最后来看潜意识。小组从亲子关系开始过渡到亲密关系（夫妻关系），这通常意味着小组尝试离开养育者，开始准备为自己的命运负责，所以小组里有成员提议由集体来决定小组的讨论方向和设计氛围，就好像他们并不需要一个带领者。但发生在这个阶段的分离并不是一个成熟的分离，因为亲子关系的痛苦模式仍然会被带入亲密关系（夫妻关系），所以上半轮有几个机制在交替发挥作用，比如配对、战斗逃跑、我vs主义。需要思考的是，为什么小组在还没有充分讨论亲子关系时，会逃逸到亲密关系（夫妻关系）这个话题中，小组成员询问带领者情绪背后到底要验证什么？对小组氛围和话题的设计的动机是什么？为什么有人对人感兴趣，有人对关系感兴趣，有人对整体感兴趣？这些角色和任务的分配意味着背后发生了什么？

带领者呈现了小组成员之间互动张力的两个维度，引发了所有人的思考，小组沉默了大概 5 分钟。

高热忱：刚才我反思了一下带领者说的话，好像我就是那个愿意坐着时空飞车去别人回忆里的人。其实我并没有要窥探他人隐私的意思，就是有时候听大家说话，当事人看似没有什么感觉，可是我的心里都快沸腾了。就好像刚才听小张说她丈夫出轨的事情，小张自己都没有什么情绪变化，我的心里却泛起一阵阵涟漪。我就在体会，妻子被背叛后心里会有多少失败和羞耻的感觉，一段婚姻瞬间变成了鸡肋，食之无味弃之可惜。我要是不问对方到底发生了什么，心里这个劲儿就卡在嗓子眼儿这里，特别难受。我是不是在通过别人的讲述满足自己的拯救欲？还是我眼里只能看到受害者？

许不知听到高热忱的话，眼前一亮，开始回应高热忱。

许不知：这是小组开始以来我听你说的最打动人的话，比你之前说的心疼谁、鼓励谁、分析谁的话都打动人，最起码打动我了，要是我妈有跟你一样的觉悟，我的日子兴许能好过一点。

权灵感听到许不知的话，说："难得你没有讽刺打岔，小许你能多说点吗？"

许不知：我就是想说，很多人说话是为了证明自己是对的，并不是想跟对方有什么真正的交流。和我的那些女朋友交流时，对方说完一句话后，我都能想到她下一句想听什么。

我要是心情好就配合一下她，说一句她想听的，要是心情不好，都歇菜！人和人之间无论是怎样的关系，不都是在拿对方满足自己吗？

韩教育此时问许不知："关于男女交流的，就是你刚才说的互动形式，你能举个例子吗？"

许不知：比如我某一任前女友，我们去城市综合体，就是那种购物娱乐饮食一体的大楼里吃饭时，楼下就有卖口红的，然后她就去柜台逛。她会找两支口红让我帮她看哪一支更好看、更适合她，我就知道她下一句想听我说"两支都好看，什么颜色都适合你，都好看"。这句话是她想听的。再比如有时候，她说肚子疼，我就知道她下句话想听"你哪来的肚子"。

说到这里大家都笑了。

许不知：我心情好时，说一下这种善意的谎言也就罢了，我心情不好时，就会说"你涂上这个口红就好像刚吃完人"或者"你再不减肥就会间歇性地疼"。

高热忱：别人的感觉都是由你来控制的吗？你不就是你刚才说的认为自己都对的那种人吗？

还没等许不知回应，张孤单就对许不知说："你跟我老公很像，对女人很不尊重，自以为很了解女人，其实没把女人当人去尊重，都是套路。"

权灵感：我觉得你们都有点上纲上线了，我把小许的意思理解为，他希望人和人之间有一些更深层次而非浮于表面的交流。其实我也有一点好奇，既然你把男女关系说得那么无趣，那你为什么还要不断谈恋爱呢，你去找个智者交流不是更好吗？

许不知看看刚才对他说话的几个人，没再搭腔。

曹人类：小许，如果你想跟人有一些真正深入的交流，咱们可以聊一下，在这个小组里我还是觉得咱俩考虑问题的深度还有一丝相似。当然了，董女士也挺有深度的。人光有情绪是不够的，还要学会反思，你刚才的那番话还是挺有反思深度的。

董英才虽然听到曹人类说自己有深度，可不知为什么，仍然说："这个小组里的男人怎么都那么自恋呢？一个空谈家，一个愤青加妈宝，一个看上去很温暖其实是个和稀泥的橡皮人。"

蓝妈妈看了看右边的董英才，然后问她："你为什么是个没有温度的人呢？你说话跟扔刀子似的，让人感觉你总是要把别人推远。"

高热忱紧接着说："董女士，我发现好几次了，只要大家伙稍微靠近一点，你就会跳出来说话，然后大家的距离就又变远了。你是不是受不了人和人之间的情感稍微有点浓烈？"

曹人类：你们知道十二骑士的故事吗？就是彼此拿着剑放在这里，围成一个圆圈，彼此的实力是关系里最好的信任。

带领者：我记得小组一开始谈到的话题是，什么是爱、什么是不离不弃，后来又谈到亲密关系中的背叛，还谈到小组应该采用怎样的形式才能证明小组是强壮的，我相信这些不同的内容是有内在联系的。而小组刚刚发生一个变化，就是从不断呈现不同的内容过渡到成员彼此都有一些总结，比如我刚才发现大家都观察到了，大家在这几轮小组里都会采用一些循环往复的模式，也有人在尝试总结对方身上的一些模式。不知道大家是否愿意在心里捋一捋，你在你感兴趣的人身上看到了什么在循环呢？

董英才：我看到的是，这个小组里的人都不愿意进入社会。高女士像一个医生，到处给人把脉；小韩看上去很弱，其实有些时候她在控制着小组；小张虽然有新时代女性的风貌，但骨子里还是一个传统女性。我个人不喜欢稀里糊涂的，我喜欢拨云见日，所以有时候说话有点犀利，这一点我知道。另外我之所以向带领者提问，就是想测试一下带领者能否承受组员的质疑，我是故意为之的，我知道自己在干什么。

曹人类：前面说过了，小张像我的邻家小妹，蓝姐像奶妈，董女士像军师，绝对一等一的幕僚，小权是暖男，小许就是荆轲啊，如果他把你当朋友，那一定可以跟你有过命的交情，高女士是来做义工的吗？哎，你参加小组付费了吗？

高热忱：我当然交了钱，你为什么这么问？

曹人类：感觉你总是找机会付出，没想过回报或从中获得什么。

高热忱：曹先生，你刚才的描述好像自己是个皇帝，还军师幕僚的。蓝妈妈虽然有点容易焦虑，但是有自我的人才焦虑，我觉得她有自我，就是有时候太想做好人了。小许是刀子嘴豆腐心，容忍不了任何虚假，讨厌面具，所以我不讨厌他，虽然他不讨人喜欢。小韩的确有点控制欲，就是那种软控制，通过展现脆弱控制别人，但是不严重。小张我觉得好像还没睡醒呢，虽然已婚又有两个孩子，但我从她身上感觉不到已婚多年生活气息的浸染。小权确实有暖男的感觉，但是我没特别感觉到他是怎么发展出这个感觉的，我记得小组一开始时他特别没耐心。

韩教育：我没想要控制什么，难道脆弱也有错吗？我也想说说，我觉得，张姐有一种哀怨的、像女鬼的感觉；曹先生像阎王，Q版的；小许说话虽然冷，但是我知道他的血是热的；小权是个谦谦君子，有风度；蓝姐没有自我，让孩子负责自己的幸福；董姐像霸道女总裁，别人知道她说的是对的，但就是不想听；高女士有点像带领者的托儿。

大家听到韩教育形容高热忱"像带领者的托儿"这句话时都笑了起来，不过这些笑容瞬间被收了起来。高热忱一脸尴尬。

许不知这时也参与了这个话题。

许不知：曹老师想当这个小组的北斗星，可是好像还没有到达位置；董女士很有洞察力，像是这里的 CT 机；蓝女士天天背着她儿子，她不累死，她儿子都烦死了；张姐感觉像被骗婚了；韩姐的那个沧桑感比已婚的张姐有过之而无不及；我感觉高女士是挺无私的人，这种人其实挺可怕，看起来什么都不要，但背后可能是什么都想要；权哥是个爷们，能屈能伸，这个小组里我最欣赏他。

不知道发生了什么，也许是大家对许不知的反馈内容有些惊喜，成员们的眼睛都略微有些放光。

权灵感：谢谢大家对我的肯定，我发现我不能像大家那样勾勒对你们的观察或反馈，我好像失去了一些总结的能力。在小组前几轮中，我觉得身上有股劲，随着对大家的了解越来越多，我发现你们都挺不容易的，所以我身上那股劲就没有了，好像也就不能区分你们每个人身上那些独特的东西了。我在想，我之前之所以没有耐心，是不是就因为顶着这个劲才能保持一些能力，比如归纳能力、个性等。我还没想清楚。

此时小组结束的时间马上就要到了，带领者总结：首先感谢大家积极参与对话。我们在这一轮中从对个人历史的表达倾听和反馈，慢慢过渡到彼此之间对感觉和定位的描述，就好像之前我们都生活在个人之外的历史中，最后我们来到当下彼此的关系里。这些不同的维度和焦点同样重要，希望未来一周大家可以慢慢回味和思考发生的一切，也请你们关注自己的梦，咱们下周见。

以上是第五轮的下半轮。

首先，小组的内容可以被分为两个部分，一个部分是组员们的内省，他们在总结自己的模式，仿佛在小组这面多棱镜中看到了自己表达中的怪圈，看到自身那些僵化的、重复的部分——自己眼中的自己；另外一个部分是自己作为棱镜映照出的他人的部分，也就是带着自身的独特视角诠释他人的僵化部分——自己眼中的他人与他人眼中的自己。

其次来看小组的关系。一个关系中，如果内省过多，反馈过少，就会趋向于一种"反依赖"的状态，而如果反馈太多，内省太少，则会趋向于一种"反独立"的状态。在第五轮下半轮的组员互动中，他们之间的关系就在依赖与独立之间反复摇摆，依赖太多就会被控制，独立太多就会被隔离，这其中的分寸感在每一段关系中皆不同。组员们在反复尝试找到自己风格的黄金分割点，这一过程中既有受挫又有发展，既有自发又有承受。

最后来看小组的潜意识。组员们在这半轮中使用的机制是融合，一位组员谈论亲密关系中被背叛的事件时，激活了其他人在过去压抑的融合恐惧，于是小组立刻发展出彼此的镜映关系，就好像小组当下来自组员之间的特质的融合可以使小组暂时不再体会外界融合关系带来的历史性的融合恐惧与创伤。当融合这个机制开始运作时，虽然他们在彼此评价时表面上像在重新设定边界，但内在部分却在谈论自己的某些特质与对方的暗合，这种象征性的融合意味着小组正在发展更深层的任务，就像一条船正在遭遇海面上巨大的风浪，水手们虽然彼此调侃着，但心里却更加团结。

没有婚姻的人是可耻的吗

场地、时间设置依旧，小组开始的时间到了，无人请假、无人迟到，座位图如下。

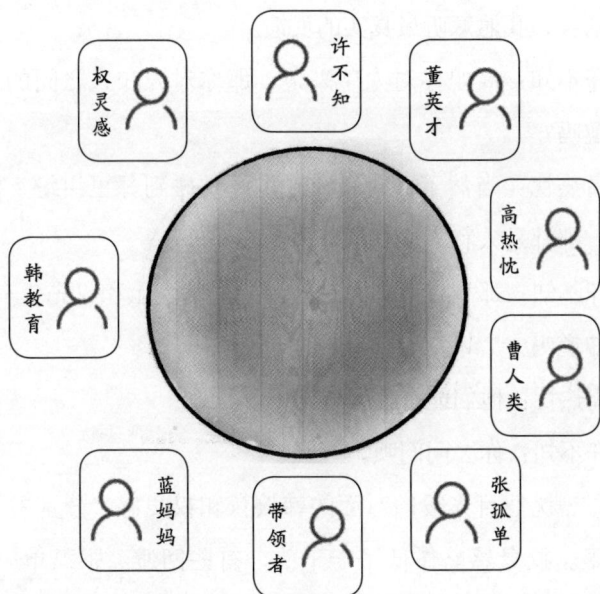

带领者：欢迎大家回来，本轮无人迟到、无人请假，时间依旧、设置依旧，现在是 7 点半，咱们 9 点结束，可以开始了吗？

大家马上点点头，每个人的上半身都略微前倾，似乎期盼马上发生点什么。

高热忱：小许在上一轮说我是什么都想要的无私者，我回去想了一下，确实有一点这个感觉。我想感受这里的每一个人和他们背后的经历，我想知道究竟是什么样的经历造就了这样一个人，我想这对我的工作会有帮助，无论是社区工作还是心理咨询工作。但是我也不想让大家觉得不舒服，如果有人感觉我说的不对或说多了，请提醒一下我，不用担心会伤到我，我愿意听最真实的反馈。

许不知：高姐你对人感兴趣，那你对人和人之间的事情感兴趣吗？

高热忱：当然了，我在社区里经常碰到邻里纠纷、家庭矛盾，那都是人和人之间的事情。

许不知：那我告诉你，这一周中，韩女士和权先生有事，你想知道吗？

高热忱：他们能有什么事？

许不知：你去问问呗。

高热忱把目光投向对面的韩教育和权灵感，分别看了他们一眼。权灵感略微低了一下头，有些回避。张孤单一愣，好像呆住了。

高热忱：你们之间发生了什么我们不知道的事情吗？

死一样的沉默。

过了大概三四分钟，蓝妈妈说话了。

蓝妈妈：上一轮大家都点评了彼此，我看着好羡慕，为什么你们看起来就是在聊天，怎么几轮下来彼此都有那么形象的描述呢，我怎么就做不到呢？小董，你上轮的点评虽然有点犀利，但是很打动人。小高，你上轮的点评很全面也很具体，让人一听就能明白，怎么我就没有这个能力呢？

董英才与高热忱刚好坐在蓝妈妈的对面，听到蓝妈妈的表达后，两个人有些羞涩，马上摆摆手，仿佛蓝妈妈说的不是自己。

这时曹人类说话了。

曹人类：刚才小许说的事情还没过去呢，刚好小韩和小权你们坐在我对面，我看你们俩一直脸红着，小韩你的耳朵都红了，你们俩怎么了？

高热忱：是啊，你们俩干什么了？

权灵感搓着手继续没说话。韩教育抬起手拢一拢耳边的头发，顺便摸了一下耳朵，也没说话。

大家都把目光投向了他们俩。小组此刻充满了一些无名的张力，并且这个张力像吹气球一样在慢慢变大。就这样过了几分钟。

张孤单：你们俩是不是睡了？

韩教育马上抬起头：没有没有，我们没有。

张孤单：那你们干什么了？

韩教育：上周小组结束以后，第二天我去咖啡馆喝咖啡，遇见了小权，就跟他聊了一会儿。

权灵感：就是在一起喝了杯咖啡，没有那些乱七八糟的事情。

许不知：没在一起吃饭喝酒吗？

这时权灵感涨红了脸，追问许不知：你跟踪我们？

许不知：我没有那么无聊。上周我跟几个学员去吃饭，就发现在对面喝咖啡的你们俩，然后还看见你们俩聊了至少一小时，就结伴去旁边的饭馆吃饭，还点了酒水，就你们俩人，还碰杯呢。

董英才：小许你太过分了，你看见咱们组员在外面会面，你要在小组里说，要先经过人家允许，你这叫出卖知道吗？未经人家允许就暴露人家的隐私，你这犯法了。

许不知：小组的协议上写得很明白，组员们在组外不能见面，为什么他们俩不遵守？既然他们破坏了规则，那就没有什么隐私权了，剥夺政治权利你懂不懂？

曹人类此时也说话了。

曹人类：说严重了，小组的协议是一份民事协议，又不是法律法规，跟剥夺政治权利有什么干系？之前不是说过吗，这是一个没有惩罚的小组，不要说得那么严重。不过我也想问问小权，你为什么要跟小韩一起喝咖啡吃饭，觉得小张像妹妹的我都没动这个心思。

张孤单听到曹人类的话，很诧异地看看他，没说话。

蓝妈妈：这个事情难道很严重吗？不就是两个人在外面碰上了，喝杯咖啡、吃顿饭吗？得罪谁了呢？

许不知：得罪规则了，得罪契约了，得罪我们的信任了。不尊重游戏规则就不配待在这里。

董英才此时把话题抛给了带领者：带领者，组员在组外私下见面算不算隐私，到底应该怎么说？

带领者问大家："我可以回应这个问题吗？"

除了权灵感和韩教育，所有人都点点头。似乎权灵感都开始出汗了。

带领者：首先我想澄清一点，在组外见面的不是两个人，而是三个人，小许、小权和小韩这三个人，然后小权和小韩彼此说了话，小许听起来是个旁观者，是这样吗？

大家稍稍顿了一下，点点头。这时权灵感和韩教育也跟着点点头。

带领者继续说："这对我也是一个难题，我在想如果我去喝咖啡时遇到了这里的任何一个人，要不要打个招呼，或者要不要聊上几句？到目前为止我没有遇到这样的情境，我都不能确定我会怎样反应，所以我想请教一下你们三个人，当时你们三个体验到了什么，又是如何决定的呢？"

许不知：当时我偶然发现他们俩，我就想看看，他们能搞出什么幺蛾子。

曹人类：小许你这是有罪推演，好像人家就是为了破坏规则才见面的。

韩教育：曹老师说得对，我跟小权是偶然碰到的，没有提前约好，平时我喝咖啡时都会点一些点心，那天不知道怎么就忘了，然后跟小权聊了一会就感觉有点"烧心"，想着去哪吃点东西。小权看出我的想法，就带我去旁边的餐馆里吃了点东西。我们是喝了点酒但是不多。当时我们俩没有聊小组里的任何人，我们没有八卦这里的任何人，就是聊了一会儿天而已。

权灵感：我知道小组协议上写着不能私下见面，我知道的。我跟韩姐是偶然碰到的，聊了几句后我看她有点不舒服，就带着她吃了顿便饭。之前在小组里我就挺心疼她的，就点了两瓶啤酒想让她放松一下，没想那么多。

大家听完，张孤单说："那小权，你如果在咖啡馆遇见我，也会请我吃饭吗？"

高热忱：小张这个问题很经典，我也想问你。小权，你是不是遇到这里的任何人都会请对方吃饭？你是不是会无差别地对待这里的任何人？就好像你之前的两轮给每个人的反馈都很温暖一样？

权灵感听到高热忱和张孤单的问题，陷入了沉思，没再说话。而此时韩教育马上说："我认为他一定会，他之前在小组里是尽力照顾大家的人。"

蓝妈妈接着问韩教育："最后是谁买的单呢？"

韩教育：是小权买的单，我要买他不同意。

蓝妈妈：要是我就我买单了，女孩子不能白吃人家饭，不能"失格"。

许不知：我是不是来到疯人院了？怎么开始讨论谁买单的问题了？之前说的是违反规则，怎么没人在意呢？你们要是这样，咱们去餐馆里开小组得了。

董英才这时又向带领者提问："你的问题他们仨都回答了，然后呢？"

带领者：诸位，我可以回应吗？

大家点点头。

带领者：我刚才听了在组外见面的三位成员的回应，感谢他们的描述，这对我了解这件事对小组的影响非常重要。首先我很羡慕在组外一起喝咖啡、吃饭、喝酒的两位组员，因为他们比这里的其他人都多了一些彼此相处的时间，而且还有咖啡和美食的陪伴，所以也许刚才其他人的表达内容里也有变了形的羡慕。另外，我也体验到了一些危险，因为在组外的见面确实使其他人难以进入这三个人的关系，仿佛他们形成了一个叫作"小组中的小组"的堡垒，这使大家觉得小组的一部分被割裂出去了，令人非常不安。

大家听到带领者的话，都沉下气来仔细琢磨，曹人类甚至还有些古时文人作诗时的头部动作。

过了几分钟，蓝妈妈首先开口：照带领者的说法，我刚才对小韩说不能白吃人家饭是一种羡慕了？仔细想想确实有点，刚才小高问小权会不会在偶遇这里的每一个人时都请客，我就觉得他不会请我，我好像是这里年纪最大的，整天想着教育孩子的问题，谁会对我感兴趣呢？

高热忱：蓝姐，我就挺喜欢你。上轮我说了，有自我的人才会焦虑，你是有自我的人，要是咱俩在外面遇上了，我肯定请你吃饭。

董英才：刚才带领者都说了，这里有小组中的小组，有堡垒，我看里面还有机关枪呢。怎么，你俩准备再盖一个堡垒吗？

高热忱：我不是那个意思。

曹人类：我认为带领者的意思是，这里有了小团伙。我不太确定，一起吃顿饭就是小团伙了吗？吃饭的威力那么大吗？

张孤单：你没看这一轮他们俩都坐在一起了吗？我丈夫当年也是这样说的，不就是吃顿饭吗？能有什么呢？结果呢，吃到一个床上去了。

大家听张孤单这样说，都吃了一惊。

曹人类：流氓的眼睛里看到的才都是流氓，小张和小许，我不许你们这样怀疑小权和小韩。

此时带领者说话了：首先，我相信大家来到这里不是为了请彼此吃饭的，这并不是小组的目标，同时我认为，小组的目标也不是这里每一个人的目标，我们是一个整体。另外我也在想，小组成员在组外有一些交流，有没有可能是因为小组没有满足每一个人交流的愿望呢？于是组外才有了组。我会检查我们彼此的关系是不是真正到达了什么话都可以谈、什么体验都可以分享的程度。

以上便是第六轮的上半轮。

首先来看小组的内容。小组中出现了组员私下会面的状况，并且被另外一个组员目击，而这个目击的成员并没有当场打断这两个人的偶遇和聚餐，而是一路观察，并将这一信息带回了小组。当他将这一事件汇报给小组里的其他人时，其他人都开始表达自己的一些假设。因为这是组外的事情，只有一个人在旁观者的位置上目睹，而当事人对其当时的内在活动和体验描述得并不是很清晰，于是组员们的想象被激活了，组员们开始各自针对自己的焦虑点编制事实过程，而这只是他们思维的过程，并非事实。

其次来看组员们的关系。你是否记得小组第二轮时的迟到和第四轮时对抛弃、被抛弃的呈现？到了第六轮，这个抛弃、被抛弃的议题置换了一种呈现形式，这一形式便是组员在组外的社交过程，没有参与这个社交过程的组员也会体验到一些被隔离甚至被抛弃的感觉。组员们并没有在组内的时间里发展社交技巧，而是在组外启动了这项工作，小组好像选出了三个人来证明彼此靠近是危险的、充满背叛的。那么在上半轮中，带领者采取了什么措施来矫正这种活现和重复呢？小组的吸收程度又如何呢？

最后来看潜意识。两位组员在组外社交，这是配对，回到组内其社交过程被分享，这时战斗被激活了，两位组员与组外旁观这两位组员社交的组员形成了一种三角关系，这是一个资源。遗憾的是，这并没有发生在组内，这于带领者而言是一种被动攻击和抛弃，二元关系升级到三角关系，就不需要带领者了。小组的潜意识里对自己关系的升级有哪些天花板似的设定吗？在生活中，人们一般的逻辑是，发生了一些事情，于是产生了一些感觉，这些感觉得不到表达和回应，于是被人们压抑到内心深处，变成了梦、过失行为和创伤。当人们来到小组中时，因为凝聚力、安全感，因为普遍性等治疗因子被激活，小组会"制造"一些事情，让之前被压抑许久的情绪、情感合理地浮现，于是就有了矫正性体验的机会。那么请问，在上半轮中，小组制造了什么事件，又使得怎样的情绪合理地浮现了呢？在这个过程中，组员们各自承担了什么情绪、情感呢？

组员在组外社交的原因也许是组内谈话的空间不够自由，

当这个干预被说出来后，组员们展开了如下谈话。

高热忱：听到带领者提醒，是不是这里的环境不允许想说什么就说什么？我反思了一下，我有时不敢说出心里的有些想法，有些犹豫。

张孤单此时对高热忱说："高姐你就说，无论你说什么，我都觉得比私下见面的人高尚。"

高热忱听完点点头，说："我觉得我对小权的印象变了，之前觉得他是一个正人君子，是咱们小组里几个男人里面最有耐心、最接地气的一个人。现在感觉他在组外也有点滥情，虽然说出的理由是心疼小韩，但是我觉得没有那么纯粹。当然，也许跟曹先生说得一样，我心里有个流氓。"

曹人类：别对号入座，我没有要指责谁的意思。

张孤单直勾勾地盯着权灵感，一字一句地问道："小权，你能不能直接一点说，你请小韩吃饭时，心里到底是怎么想的？"

此时所有人都保持了安静，大家都顺着张孤单的目光看向权灵感，权灵感额头上继续沁出了汗珠。他深吸一口气。

权灵感：刚才听带领者说，我跟小许和小韩成了一座堡垒，我没想到自己还有这样的动机，不过仔细想想，确实有点。上一轮小许说很欣赏我，其实我也很欣赏他，我喜欢他心直口快的率真，我也喜欢小韩的勇气，她在第四轮分享了自己隔代抚养的经历，她很勇敢地跟大家分享自己，我很喜欢这两个人。如果说这里有堡垒的话，我愿意和他们俩待在一个堡垒里。

　　说完这段话，权灵感又深吸一口气，继续说："我没有想跟小韩怎样的想法。因为我的工作是编辑，所以我经常跟各种作者打交道，很多文章写得很好的作者，他们的作息时间都不是很规律，晚上出稿多，有时我就等着他们出稿、审稿讨论修改。有一个女孩子，文章写得很洒脱，我很喜欢她，就制造了一些改稿的机会，增加一些跟她交流的时间，聊着聊着就经常聊一些生活的话题。我们聊天有个特点，就是谁都想做那个说最后一句话的人，比如我留言说晚安，她一定要跟一个晚安，我再说真的晚安了，她就继续说，确实真的晚安了。刚开始挺有意思，后面就觉得有点强迫了，我就问她为什么会这样，她说她要做那个最后说结束语的人，她打电话时也永远要做最后挂电话的人，因为她小时候也是被隔代抚养的，她受不了有人在她之前说再见，我就有点心疼她。有一次她在酒吧喝多了，给我打电话让我去接她，我不放心就去了，把她从酒吧送回她家之后，她借着酒劲，在床上一边跳舞一边吟岳飞的《满江红》，那一刻我觉得她真的魅力爆棚。你们想象得到吗？一个柔弱的女孩子，突然不知道哪里来了一股劲，酒后的阴柔和《满江红》的刚烈糅合在一起，我真的被她吸引了。我愣在那里了，不知道过了多久，她趴在我胸前吻我，还朝我的耳朵吹气，很痒。"

这时许不知打断他说："差不多得了啊，马上少儿不宜了。"

曹人类：这个女孩子确实有意思，岳飞的词信手拈来，确实够洒脱。

张孤单冷冷地说："然后呢，你不是很痒吗？"

权灵感的脸愈发红了。

权灵感：我醒来之后也很后悔，觉得对不起我女朋友。

韩教育听完，满脸吃惊地说："那你们后来呢？"

权灵感：过了几天，对方找到我，说都是成年人了，让我不要往心里去，我感觉怪怪的。

许不知：什么怪怪的，不就是一场误会吗？

蓝妈妈盯着许不知：别胡说八道，什么一场误会，你们年轻人怎么对这个事情那么随便？小权，你说你都有女朋友了，怎么能干这样的事呢，你辜负了女朋友对你的信任，真是知人知面不知心，原来你还能干出这样的事儿来。

曹人类：不就是一时糊涂吗？

张孤单继续冷冷地说："小权我想问问你，这件事情你跟你女朋友说了吗？"

权灵感：没有，我自己都觉得像一场梦，太不真实了。而且我也仔细想过，那个女孩子虽然很有魅力，但我觉得我并不了解对方，没可能在一起的，我也不想伤害我的女朋友。

张孤单的口气更加冷了：你就是伤害了你的女朋友。

高热忱：小张你不能因为你丈夫出轨了，就批判所有在关系里迷惘过的男人，这叫泛化。我觉得小权在描述这个事情时，是有自责和反思的，他不是那种风流成性的男人。

韩教育：那高姐，你能说说吗，什么才是风流成性的男人？我刚才在想，有没有可能我未婚夫也有这样的想法，他不能抵御别的女人的诱惑？

高热忱：信任一个人是一种能力，要以你的感觉为准，你觉得你未婚夫是那种表里不一的人吗？

许不知这时插话：你们认为权先生是表里不一的人吗？

张孤单继续冷冷地说道："不然呢？难道小权是那种海枯石烂、忠贞不贰的人吗？"

曹人类：都说了多少遍了，不要批判人，不要给任何人戴高帽子，况且人家小权并没有结婚。

此时带领者开口了。

带领者：我相信刚才的话题一定激起了某种道德焦虑，似乎我们想帮助别人成为一个道德上完美无缺的人，或者我们相信一个人道德圆满，才能确保人生圆满。另外，如此敏感的话题，也会激起大家对在亲密关系中被背叛的体验，这些体验该如何安放呢？最后我想问一问小权，小组里面发生了什么，使你决定说出如此的过往？

权灵感此时有些泪湿眼眶。

权灵感：之前几轮我给大家的反馈，大家都说我很温暖，我就问自己，自己是不是一个温暖的好人，我认为我不是。因为刚才我说的事情，我觉得自己欺骗了大家，另外我也发现自己经过那个事情，因为对女朋友很内疚所以对她好了很多，我总想补偿她，可是这种补偿到了一定程度，我又会很烦躁，很讨厌女朋友，因为我好像背着一个十字架在生活，忏悔替代了我的真实感觉，我不想再这样下去了。我想让你们知道，我没有你们想的那么好。

权灵感一边说一边用手捂住了眼睛，泪水打湿了指间的缝隙。

小组此时陷入了安静，没人说话，大家都在慢慢地深呼吸，好像小组的氧气在一点点变少。

韩教育：张姐的老公出轨，小权在恋爱中出轨，许不知半年换一个女朋友，蓝姐像个单亲妈妈那样教育孩子，其他人还不知道，天呐，婚姻真的太可怕了，亲密关系真的太可怕了。本来我是想来学习怎么进入婚姻，现在我对婚姻更恐惧了。

张孤单：小韩，我其实挺羡慕你，如果我在结婚之前有机会参加这样的小组，听一听、看一看两性之间的一些真相，也许我就不会把自己搭进去，你现在后悔来得及。

曹人类赶忙说："怎么，这里要变成尼姑庵了吗？男人女人不结婚，人类怎么繁衍，怎么发展啊？你看现在西方的不婚率那么高，人口老龄化又那么严重，社会有什么活力，暮气沉沉，未见朝朝，日子还有什么奔头？"

董英才沉默了很久，现在才开始说话。

董英才：我认为婚姻只是个人生活的一部分，不是全部，尤其不是女人的全部。女人进入婚姻都想买保险，害怕对方背叛，害怕自己失去自我，婚姻有那么大的能力吗？在我看来，都是女人自己的问题，就是生活态度和生活方式的问题。你选择了婚姻这种生活方式，就要学会承担其中的风险，不能因为进入婚姻就把自己完全托管给对方。另外，刚才看了大家对小权的态度，我觉得大家怎么好像变成了小权女朋友的娘家人，是不是摆错了自己的位置？小权不应该才是咱们理解和支持的对象吗？

高热忱听完董英才的话，点点头。

高热忱：小权，我刚才在想，如果我是你的女朋友，我听到你的背叛会很生气，很失望，但是我更失望的是，你在我面前越来越假，像个橡皮人，对，上一轮小许说过，橡皮人、绝缘体的感觉。我会非常莫名其妙，不知道该怎么跟你相处，你跟你自己的忏悔在一起，也就逼着我跟自己的迷惘在一起，这样的关系无论未来怎么发展，我都不会觉得舒服。我建议你找个机会坦诚地跟你女朋友交流一下。另外我想对小韩说，每个人的婚姻都有自己的问题，天底下没有净土，我们都是凡夫俗子。

许不知：做咨询就不能给建议，高女士你怎么还给权先生建议了呢？万一他跟他女朋友说分手了呢？谁负责？

张孤单马上反击许不知说："你不是很擅长换女朋友吗？你给小权支着儿，再找一个不就可以了。"

权灵感听到这段互动，眉头开始紧皱，内心像在打鼓。

带领者：我刚才听到，小组里在讨论短期关系和长期关系的区别，似乎在一个短期关系里，组员要轻松一些，而要进入一个长期的关系，像婚姻，组员会感觉到一些压力，更重要的是，我们会制造一些故事或事故来让自己没有资格进入长期的关系，似乎只有这样我们才能获得一些自由，与此同时，这也增添了一些孤独。我并不知道，是什么原因使我们在长期的亲密关系里看起来更脆弱、更容易受伤，我不知道发生了什么，所以我邀请你们帮我想一想，体会一下，一段长期的关系剥夺了我们的何种能力，这个过程又是如何发生的？请你们在未来的一周延伸这个问题，还要关注你们的梦，咱们下周同一时间见。

以上便是第六轮的下半轮。

首先来看小组的内容部分。小组里有人暴露了自己在亲密关系中的不忠体验，这种不忠，在关系中制造了具有破坏力的秘密，小组里的其他人对这个过程发表了自己的看法，其中掺杂着焦虑、恐惧和曾被压抑的愤怒，也有人在这个话题中提炼了一些哲学性的素材来回避这些由话题带来的禁忌感。

其次来看小组的关系。小组之前公认的一个好客体在所有人面前自我毁灭了这个印象，此时小组的某一个梦被打破。异性对这个成员产生的对男人的希望感、可依赖感破灭了，在场的女性都要被迫面对无力了解与把握男性的无力感、失控感，男性也陷入了一种成为肇事者的罪恶感中，于是组员们发生了一些对话，彼此开始拉开距离，以道德标准来填充这段距离，仿佛用条件化的彼此要求替代了彼此的真实感觉，小组陷入了抱持性环境的丧失，组员们在一种集体的秘密中挣扎，每个人都想离这个秘密远一些，从而得到某种救赎。

最后来看小组的潜意识。小组中的男性对于女性希望自己成为一个好妈妈有着极其深切的恐惧，而小组中的女性对于男性无法稳定地在关系里行使功能也有着深深的怀疑，于是这两种恐惧交织在一起，女性组员们在小组中制造了三种男性：一种是诙谐的，充满黑色幽默却不在任何关系里深度停留的；一种是高于生活，沉醉于某种哲学或理论的；还有一种是充满感情却不知节制的。于是小组中某种妨碍关系深入的信念被继续发展——男性是流浪的、隔离的，是不能被一个女人满足的。而男性对于亲密关系中温暖部分的回避与隔离也使女性只有在无措的母亲角色、被抛弃被背叛的妻子角色和无家可归的女孩子角色中飘荡。因为在目前已知的材料中，小组中的男性没有见到小组中的女性是如何被温暖的，这激活了男性内心深处认为女性拥有孤独这一宿命的信念，并强化了这一信念。需要思考的是，带领者的几次干预为何始终在关系检视的层面，比如询问组员为何在此时说出此事，比如最后落在了短期关系向长期关系过渡困难这个点上。你如何理解这样的干预着陆，这其中的考量如何？如果是你来带领这半轮，你会如何干预？

表面是男权，里面是母系吗

场地、时间设置依旧，小组开始的时间到了，无人请假、无人迟到，座位图如下。

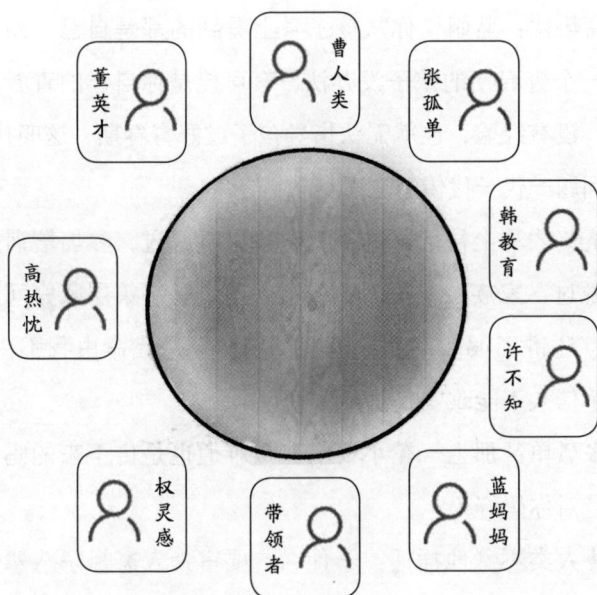

带领者：欢迎大家回来，大家这一次仍然没有人迟到，时间依旧、设置依旧，现在是 7 点半，咱们 9 点结束，可以开始了吗？

带领者话音刚落，蓝妈妈便开始说话。

蓝妈妈：上一轮结束时带领者说到长期关系和短期关系，我特别有感悟，我就觉得儿子上初中之前特别乖，特别听话，不能说言听计从，至少我说什么都会对他有作用，怎么这一上初中，就跟变了一个人似的，说什么也不听了，不听也不顶嘴，就是自己想干什么就干什么。我就借着带领者上轮的话考虑，是不是我没有能力跟孩子建立长期的关系，等孩子一到青春期，我这个当妈的就废了？

高热忱：蓝姐，你从孩子身上看到的都是自己，如果说你对一个青春期的孩子没办法，有可能是你自己的青春期没过好，没有经验，也就无法指导孩子过好青春期，这叫代际，就是问题一代一代传的意思。

董英才马上接话：这个概念我也听说过，参加培训时老师也说过，家族企业里面的一些问题也是决策层家庭问题的延伸，还讲了很多案例，确有实例，但是我命由我不由天，我就不信人不能改变自己。

张孤单：那上一轮小权的背叛难道也是传下来的吗？小权你爸对你妈好吗？

曹人类不忿地插话：干什么？要审查人家祖宗八辈吗？

谁给你的资格？

张孤单身体微微一颤，对右边的曹人类说："我就是问问，你火气那么大干什么？"

权灵感：我爸在我很小的时候就去世了，心梗。

张孤单听到这句话一脸悔意，其他人也瞬间露出悲悯的表情。

蓝妈妈：小权，上轮我说你们年轻人对性关系比较随意，当时说这话有点恨铁不成钢的意思，没有批评你的意思，你别记恨我，我是有口无心。

权灵感：蓝女士你不用自责，你说的话对我有影响，我这一周也好好地想了一下，为什么对一个女孩子心疼就会不自觉地跟她发生关系。还有上一周请韩姐吃饭，我好像看不得女人受苦，可能跟我妈有关。因为我爸在我七八岁的时候就去世了，我妈担心后爸会对我不好，她就一个人抚养我，吃了很多苦。小时候看我妈对人情冷暖那种忍耐，我就想快快长大，好能够保护她。后来我发现人的思想是很重要的，于是我就做了一个编辑，想通过一些好文章影响人们，让人们学会彼此尊重。你知道吗，做文字编辑的人都有点理想主义。

张孤单对权灵感的冷似乎因为这一段话有了一点点改变，她对权灵感说："不好意思，上一轮我对你好像在审问犯人，我不应该那么尖锐，请你别介意。"

权灵感：没关系的，张姐，如果你能在我身上发泄一些你对你丈夫的不满，我也觉得可以为你分担一些什么，也挺好的。我是有能力为女人分担一些东西的。

许不知：分担完了就再发生关系是吗？又开始滥情是不是？刚才不是都要反思对女性泛滥的心疼了吗？怎么一边说一边不知悔改呢？

曹人类：小许你说话留点口德，帮助人也得讲究方式方法，你怎么老是怪声怪气地挖苦别人呢？

董英才：我发现曹老师只要一发现小组里有点锋利的东西就出来维持秩序，太平洋上的警察，管得好宽。人家当事人还没来得及说什么，你非进去插一杠子，有意思吗？你不知道棒喝吗？

曹人类马上反驳说："我怎么不知道棒喝？那都是有了一定修行的人才好棒喝，一上来就棒喝那是赤裸裸的暴力，不是促进别人领悟的方法。"

此时带领者插话道："我刚刚听到有人在表达男性的死亡、女性的孤独和孩子的自我催熟，似乎小组在回避这些东西。这个回避发生在我们试图谈论继承家族精神遗产之后，这之间似乎有一些关联性。"

蓝妈妈：我不同意刚才董女士的说法，说曹老师管得宽，我觉得曹老师说得好，管得好。我们家孩子他爸要是有这种魄力，孩子早就变了，就是因为父亲缺少权威，才搞得我妈不像妈、爹不像爹的。曹老师，我支持你，你继续加油！

韩教育：我跟蓝姐想法一样，我觉得小组里曹老师最爷们儿，虽然我对他还不是很了解，他离我有点远，但是我觉得他靠得住。这两轮他都在维持咱们彼此的一些善意的互动，对于彼此的横冲直撞，他都像警报器那样及时提醒。我觉得小组里有这样的人挺好。

不知道为什么，曹人类听到有人肯定他的表现，反而有些无措。

高热忱看到曹人类的这个变化，问他："曹老师，你为什么要在小组里扮演这样的角色呢？你之前不一直在说什么社会组织和制度吗？怎么这两轮这么关注我们的关系和互动的氛围？"

曹人类紧张地搓搓手，一脸纠结地说："我不知道小组里能不能谈这些东西。"

董英才一听，来了兴趣，说："什么东西？你倒是说啊！"

曹人类：政治话题。

这时所有人看向带领者。

带领者：我个人认为，小组里任何话题都可以谈论，因为我们关系中最基础的东西在协议里都写明了，彼此保密。

曹人类听完，想了一小会儿，摇了摇头，没再说话。

韩教育：我能感觉到曹老师的压抑，咱们别逼他了，他愿意说时自然会说的。

然后韩教育转向权灵感。

韩教育：小权，上一轮我把自己对于婚姻的恐惧都放在这里了，还列举了大家在亲密关系中的一些问题，这一周我都觉得有点不好意思，我总会不自觉地把大家婚姻里的感觉和自己未来的婚姻合并，这样想是不对的，但愿我上一轮说的话没有伤到你。另外我也想问问你，你父亲的心梗是怎么回事，我爸爸做过心脏搭桥的手术，我很想了解，我怕他也会心梗。这样的人最怕什么？

权灵感：没有，上一轮你的话没有伤到我，你言重了。当年我还小，其实不太知道我爸怎么得了心梗这个病的，只是后来听我妈说，那天他好像在单位里跟别人生了气，好像是好几个同事都说他坏话，他生了闷气，回来之后也不说，晚上睡觉时就发病了，有一会儿喘不上来气，后来就跟睡着了一样，送到医院人就走了。

不知道为什么，虽然权灵感只说了寥寥几句话，可是此刻小组里仿佛充满了当年的画面感。

曹人类听了权灵感的话，不知道被什么触动了，他展现出了从未有过的激动和愤怒，大声说："这就是迫害，一群人迫害一个人，流氓文化！"

大家都被吓了一跳，瞬间怔住了，不知道发生了什么。

董英才：曹老师，我第一次见你这么激动，你能多说一点吗？

许不知幽幽地说："又让人多说，说出来谁负责？"

高热忱：小组负责，我相信小组有这个力量，这次，董女士我支持你。曹老师你说吧。

此刻曹人类脸上充满了狰狞与屈辱混合的表情，似乎像一头野兽在锁链里挣扎。

曹人类：就在这片土地上，在几十年前，有过一代人的痛苦回忆，我们家也受到了冲击，我爷爷被打倒，我爸爸跟着他被关进牛棚。

这时候蓝妈妈打断曹人类的话说："不是后来拨乱反正了吗？过去的事情就不提了，这里很多年轻人都不知道。"

其他人刚刚被曹人类的情绪淹没了一半，又被蓝妈妈的话迅速拽出，有一种巨大的无所适从的感觉充斥在此刻的小组空间里。

董英才：这个话题确实非常敏感，曹老师我终于理解你为什么那么操心小组里的逼问和攻击了。

此时高热忱激动地说出了她们家遇到过的类似痛苦。

高热忱说着说着眼泪流了下来，小组里的人都略显惊讶，似乎所有人都没有想到，高热忱和曹人类在这样一个沉重的话题里相遇了，似乎两个人为彼此点了一束烛光。

董英才：带领者你能不能说点什么，现在小组的话题真不知道该怎么进行下去了。

带领者：大家需要我说话吗？

大多数人点点头，曹人类和高热忱还在被某些浓烈的情绪包裹着，无力回应。

带领者：这是一个重要的时刻，我们从表达自己一个人的伤口、两个人关系的伤口，开始慢慢试着表达一个家庭、一个家族的伤口，似乎还有一个部分在表达一个国家和民族的伤口，我也会觉得我们承担了很多东西，刚才我听到有人说一代一代的传递，我很想了解，是什么促使传递发生了，又在传递些什么？

没人回应带领者的这个干预，像一块石子投入了深不可测的潭水。

以上便是小组第七轮的上半轮。

首先看小组的内容。小组成员先对上一轮由背叛激发的彼此排斥和道德化评价做了一个回顾，组员们做了一些澄清和解释，试图告知对方自己并没有贬低和指责对方的意图，然后出现了一个父性丧失、母性坚忍、子女过早成人化的议题，紧接着小组展开了一个关于创伤代际的话题，由此又激活了家族和历史性创伤的年轮。

再来看小组成员之间的关系，当组员们彼此共同消化道德焦虑所带来的拒绝之后，组员们彼此更加靠近，这份靠近激发了彼此更深依赖的需要，紧接着这份需要又激活了家庭、家族系统创伤的历史。这种深度的彼此看到和彼此依赖激活了被压抑的不仅来自个体的被迫害焦虑。组员们要如何诉说这份焦虑，又该如何安放，你的观察是什么？

最后来看小组的潜意识。当组员们内在难以消化的东西被小组的动力激活并有机会吐纳在小组中后，组员们的自我在发展，这其中既有柔性的发展（对情绪的体会与把握能力），亦有刚性的发展（耐受力及意志力）。当这些发展到某一个临界点时，家庭中、家族中、系统中那些来自古老过去的关系创伤便会一一浮现，似乎不允许当事人人格成熟度超越家庭整体平均水平的现象发生，似乎家族里的创伤总和铸就了个人人格发展的天花板，而且是无缝隙的坚硬的天花板。于是小组在此刻便会呈现家族创伤的焦点与历史，这不再是一个人渴望被救赎，而是一个家庭、一个家族、一个系统渴望被救赎，这便是上半轮浮现的潜意识动力。希望你思考，唤醒这块巨大的天花板的信号是什么？带领者在其中又做了些什么？

上半轮说到带领者做了一个个体创伤浮现与家族创伤浮现如何过渡的提问，成员们一边在沉重压抑的话题里挣扎，一边也在迎着带领者的提问艰难地思考。

过了几分钟，董英才说："我刚才听了那么多，发现男人们都是被这个社会所伤，女人们都是被男人们所伤，出路在哪呢？我觉得还是要提高人在社会上的影响力。你们有没有思考过，中国文化向来提倡天人合一，就是人与自然要和谐相处，人和人之间又提倡儒家文化，然后学习西方的经验，一部分人又开始不再认同天人合一、儒家伦常。人在这样的文化冲突下，怎么确定自我呢？"

曹人类被董英才的这段话激起了一些对话的欲望：我好像到哪个组织里都会成为众矢之的，上一次我坐在带领者对面不是也被你说成挑战带领者的人吗？一上来就变成活靶子，我就想是不是我身上有一个影子，到人群里就会被集体排斥？

许不知：到哪儿都"众人皆醉，我独醒"吗？听上去很"伟大"啊。

高热忱：你怎么又怪声怪气的，不过也不怪你，你年纪小，刚才说的那些你都没有听说过。

许不知：我怎么没听说过，我看过好多书呢。

权灵感：董女士说的我还是有点感觉的，好像男人在这种冲突的文化里更容易迷失自己，我就是这样的，因为父亲走得早，我不知道做一个男人该是什么样，该跟女人保持一个什么样的距离，我挺迷惑的。

张孤单听了权灵感的话，问他："难道男人成为男人还要女人来教吗？女人教出来的不都成了贾宝玉了吗？"

曹人类：小张你说得好，社会究竟是父权好，还是母系好？

蓝妈妈不知道被什么触动了，马上说："我上升不到那么高的高度，我就是觉得家里得有一个响当当的爹，不然孩子就会变成我儿子那个样子，玩游戏九头牛都拉不回，一说到学习就怂了。"

韩教育：我希望男人在外面是李云龙，在家里是贾宝玉，那我就既有安全感又有浪漫感，我这样想是不是不对？

高热忱：就怕男人在家里是余则成，在外面是西门庆。

大家都笑了一下，仿佛之前的苦难都不见了。

许不知：西门庆不就是有点好色吗？

张孤单问许不知："那你好色吗？"

许不知：窈窕淑女，君子好逑，好色有什么错？

曹人类：《诗经》里这句话说的是思念，不是占有。

董英才一脸不屑地说："这里的男人们又开始酸了。"

韩教育：我没觉得酸，我觉得挺浪漫的，虽然听起来小许刚才说的话有点轻佻，可是我觉得他挺真诚的。小许我能问问你吗？你这些男女关系的想法都是怎么来的呢？

许不知：回答你这个问题之前，我先问问你，你说是男人出轨对家庭伤害大，还是女人出轨对家庭伤害大？

韩教育：我觉得这个社会对男人的诱惑更多，对女人的限制更多，女人出轨成本更高。

高热忱：什么叫女人出轨成本高？

韩教育：比如女人出轨就会被说成破鞋，好像很脏，而男人出轨就会被说成风流，好像不是什么大问题。

蓝妈妈：你这个思想都是怎么来的呢？男女平等呀，无论哪一方出轨，都是很严重的事情，无论男女。

许不知打断了所有人的话：那我换个问法，爸爸出轨和妈妈出轨，哪一个对孩子的伤害更大？

张孤单听到许不知的这个问题，全身打了一个激灵，她说：这个问题好可怕。

高热忱：对了，小张你之前说过你丈夫出轨的事情，那你的感觉呢？爸爸这样做，对孩子有伤害吗？

张孤单想了一会儿说："我不知道，我不知道，我只知道我跟孩子她爸因为这个事情吵架时，孩子在旁边都吓哭了，一个劲过来拉我的手。"

许不知不知为何突然说："我就没哭。"

小组瞬间安静了，也许是因为所有人正准备进入张孤单描绘的母女之间痛苦挣扎的场景中，却被许不知这句话点了某处穴道，所有人都看向许不知，似乎在领会他这句话背后的图景。

过了一两分钟，权灵感说："谈出轨这个话题我还是有点尴尬，不知道该如何接着说，可是听完刚才小许的那句话，我好像看到了什么，小许你能多说一点吗？"

许不知也被自己刚才的那句话吓了一跳，他深吸了一口气，定了定神。

许不知：剧情很狗血，你们准备好了吗？

董英才看了许不知一眼。

董英才：说吧，有什么的，你都不怕说，难道我们还怕听吗？

蓝妈妈拦住董英才说："董女士，能不能有点耐心？小许说一回自己不容易，咱们都有点耐心。"

说完蓝妈妈扫视大家，示意大家沉下来。

许不知带着一脸事不关己的表情说道："我之前交了一个女朋友，很久以前了，当时我很喜欢她，她是学画画的，跟二次元里面的人物挺像，当年叫什么来着，哦，对，萝莉。她特别能激起我的保护欲，我们的关系很好，感觉也挺好，我是要准备和她继续相处下去的，虽然有时候挺黏人的，但是毕竟她身材也很好，我就挺迷恋她的。"

权灵感此时插进来一个问题：那精神上呢？

许不知一脸无奈地说："精神上当然也欣赏喜欢了。处了一段时间之后，有一次我去我爸的办公室找他拿东西，他不知道我有他办公室的钥匙。那是一个阳光明媚的下午，我拿着钥匙打开我爸办公室的门，你们猜我看见了什么？"

许不知一脸凝重地看向所有人，奇怪的是，此刻所有人的眼神都有些回避许不知的目光。

紧接着许不知不知是哭还是笑地说："我看见我爸和那个萝莉正在沙发上亲热。"

蓝妈妈惊讶地说了一声："啊？这不是乱伦吗？"

许不知纠正蓝妈妈说："萝莉还不是我媳妇呢，准确地说还不是我爸的儿媳妇呢。"

高热忱一脸艰难地说："在现实层面不是，但是在你心里她和你父亲已经是隔代的关系了，你真不觉得这有什么问题吗？"

许不知：当场我就说了一句"打扰了"，就很礼貌地退出了房间，我还能说什么呢？

高热忱：那你的愤怒呢！？我都感觉到一种巨大的愤怒。

张孤单：听小许这样说我很害怕，如果我的女儿见过她爸爸出轨的场景，这孩子一辈子就毁了。

蓝妈妈着急地说："小张，你先等一下，先听小许说完。"

许不知不紧不慢地接着说："按照常理，我是应该进入一个悲剧男主角的人设里，哭天喊地，酗酒迁怒，自我虐待，应该是这样吧，可是当年我刚要陷入这个人设，就发现萝莉是个援交女。"

蓝妈妈惊讶地说："啊？怎么发现的？属实吗？别冤枉人家小姑娘。"

许不知：这些都是事后知道的。我离开办公室之后，萝莉对我爸说"那是我男朋友"，我爸说"那是我儿子"。够不够荒诞？世界上有什么样的导演可以导演这样一幕？有没有意外？够不够惊喜？

高热忱：小许你这是反向形成，我都能感觉到你心里有一个地方碎了，永远也拼不起来了。

曹人类好奇地问高热忱："什么地方碎了？"

张孤单冷冷地说："对世界上所有女人的信任都碎了。"

许不知听到张孤单的话，眼神离开了小组内成员彼此的网络，眺望远方，虽然"远方"是房间的四壁，可似乎许不知要在白色的墙壁上看出什么东西来。

带领者：首先我很感激在不断交流的组员们，是你们使这个小组无论发生了什么，都始终在进行。刚才我听了这么多，其实不知道该说些什么，突然感觉语言很苍白，有些无法被言说的感觉在乱撞。我相信大家也在承受这一类的感觉，但你们并没有放弃对话，我要向你们学习。我记得刚才发生的话题是男人和女人在面对社会时的定位，慢慢发展到在家庭中的定位、该如何面对欲望和角色之间的冲突，后来又谈到一代人的欲望和失去角色对另一代人的影响，如果在这里有一点卡住的感觉，那是被什么卡住了呢？

小组成员思考了一会，大概几分钟。

权灵感：我觉得我无法理解小许当时的体验，我很早就没有爸爸了，可是如果我有一个小许父亲那样的爸爸，我不知道该怎么面对，我完全被一个巨大的东西撞蒙了。

蓝妈妈：小许太不容易了，女朋友没了，爸爸也没了，又不知道该如何面对妈妈，怎么突然感觉他变成了孤儿。

高热忱：我同意蓝姐的说法，我也会觉得小许像一个孤儿。小组进行了这么多轮，我都觉得他像无根的浮萍，虽然有时候看起来挺潇洒，但是根本不知道他会在什么样的关系里停留、依靠。

曹人类：我想到一首歌——《把悲伤留给自己》。

许不知听到这些话，大声说道："我不要你们可怜我。谁的可怜我都不稀罕！"

说完他从椅子上站起来，右腿向右画了小半圈，紧接着身体跟着右腿跨出了小组的圆圈，像一发敦实的炮弹，他大步流星地离开了小组，离开了小组所在的房间。小组里其他人都被这一幕惊呆了，所有人的眼神都跟着他离开了小组，直到房间的门被重重地关上。蓝妈妈甚至不自觉地抬起手想要拉住他，但并没有成功。

然后所有人的目光都投向带领者。

带领者叹了一口气说："我跟大家一样觉得很遗憾，似乎某些话题被打开后没有得到更细致的聆听和照料，便随着成员的离席而停滞不前，我能够感觉到大家的担心。另外，我也看到大家之前尽可能努力承载这样的话题，虽然其中充满了各种各样易燃易爆的元素。也许未来的一周这里的每一个人都需要一个独立的空间来体会和消化这一轮的体验。那么刚刚提前离席的成员，也许提前奔赴了这样一个空间，请大家在未来的一周好好安顿自己，并关注你的梦，咱们下周同一时间见。"

带领者说完，缓缓起身离开小组，组员们想了一会带领者的话，也一一离开小组。

以上便是第七轮的下半轮。

首先来看小组的内容部分。小组在下半轮开始发展对社会的观察和思考，这源于组员们在思考究竟准备在社会中争取什么、获得什么，这个话题并没有得到足够的讨论，就转移到讨论如何胜任亲密关系中的角色属性，就好像社会人的部分并没有被完全展开，就被家庭人、亲子人这些议题覆盖，然后小组中浮现了一个关于象征性乱伦的关系，组员们都被巨大的愤怒与恨包围，组员们多次试图梳理和突围，看起来进展艰难。

再来看小组成员之间的关系。组员们在下半轮伊始讨论社会文化层面对男性和女性之间的塑造和限制，然后发展到家庭角色对男性与女性不同的雕刻和伦理要求。可以看到，组员们在试图谈论这些巨大的力量的同时也在寻找突破口，以彼此凝聚创造更大的空间发展自我，紧接着关系里出现了一个更为巨大的关于禁忌与伦理的混乱关系，使得组员之间的关系浓度被稀释。好像关系中有一个议题，如果无法突破这个议题，组员们的关系就会被滞留在某种恐惧或愤怒中。与此同时，抛弃与被抛弃的主题在最后某小组成员离席时再一次浮现，而这一次的浮现从之前的融合恐惧过渡到了关于小组结束的恐惧，也就是分离焦虑的维度上来。请你梳理，这个过渡是如何发生的。

最后来看小组的潜意识。小组成员在上半轮不仅试图修复家庭与家族的年轮性创伤，更在筹备系统性的超越，而这种强大的发展力量又会激起目前更为强大的、关于乱伦的焦虑，即对家族忠诚与对自我忠诚的似乎不可调和的冲突。于是小组浮现了一个关于乱伦的事件，关于这个部分，我要请教你的是，如果是你对小组下半轮收尾，你会做一些什么样的工作，使小组的容器不至于破掉（组员提前离席），使小组完整结束？

努力繁华，根何处寻

场地、时间设置依旧，小组开始的时间到了，无人请假、无人迟到，座位图如下。

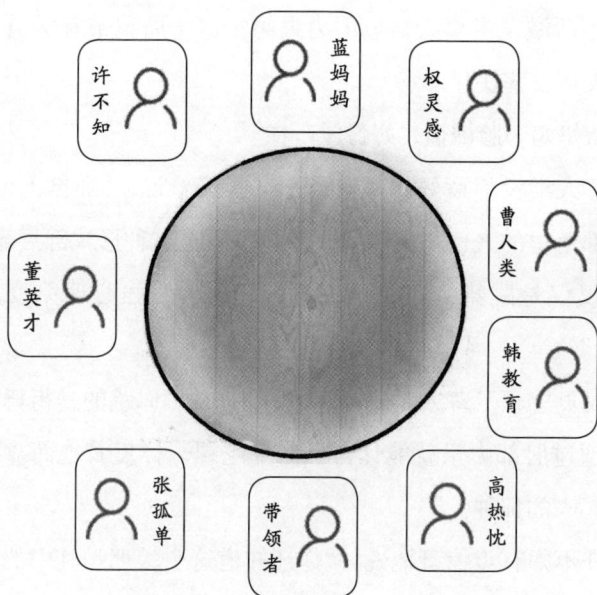

带领者：欢迎大家回来，大家这一次仍然没有人迟到，时间依旧、设置依旧，现在是 7 点半，咱们 9 点结束，可以开始了吗？

所有人都看着许不知点点头，似乎带领者的声音成了一种背景。

许不知一脸无所谓地看着所有人。

蓝妈妈：小许，上一轮你提前离开了，不知道你这一周过得怎么样？能说说吗？

许不知：不用过度担心，你们没发现我在小组里经常说关于心理咨询的一些套路吗？我之前跟咨询师聊过，虽然对方不太得力吧，但总算是能听懂我在说什么。心理咨询师不就是不断激发当事人自愈的力量吗？这一周我带着学员们跳了 7 天舞，痛快！

蓝妈妈一脸懵懂，好像没听懂。

曹人类没等蓝妈妈反应过来，紧接着说："那挺不错的，原始部落里的人也是围着篝火跳舞，通过这种形式舒展身心，那不仅仅是跳舞，还是一种身心舒展、增强心理免疫力的方式。"

权灵感瞟了曹人类一眼，问许不知："你跳的是街舞，是不是通过肘部力量就能让自己像个陀螺一样反着地面靠离心力转起来的那种？"

许不知有点惊讶地说："你还知道这个，那是其中的一个姿势而已，没什么技术含量，就是靠巧劲。"

权灵感继续说："那你晕吗？"

许不知：最开始的时候有点，现在没事了，再说旁边有吹口哨的、鼓掌的、喝彩的，哪儿还顾得上晕呀。

高热忱突然冷冰冰地问许不知："小许你能说说吗？为什么上一轮小组还没结束你就离开了。"

许不知：我不想让你们把你们自己的脆弱放在我身上再来拯救我。

高热忱听完一时语塞。

韩教育：我觉得小许说得挺对的，上轮我觉得要是我摊上那种事，肯定更崩溃，不会像小许那样还扛得住。也许小许比我们所有人都坚强。

董英才摇摇头对韩教育说："你不知道一个东西越硬就越脆吗？"

紧接着董英才对着左边的许不知说："小许你不知道其实你本身是很脆弱的吗？你妈妈知道你爸爸的事情吗？"

许不知：我才不关心他们之间的事情，另外谁不脆弱呢？我曾有一个援交的女朋友，有个混蛋爸爸，还有一个无比热爱各种心理学野蛮分析的妈妈，这种奇妙的组合，我还能怎么样呢？权先生，我其实挺羡慕你，爸爸早死了，早死早解脱。

权灵感瞬间被激怒，他大声对许不知说："你没有资格说我爸爸，闭上你的臭嘴！"

小组男性之间第一次突发性地出现如此强的张力，大家都屏住了呼吸，看着权灵感和许不知之间会发生些什么。

权灵感直直盯着许不知，许不知也直直盯着权灵感，其他人仿佛都不存在了。

仅仅过了十几秒的时间，坐在他们中间的蓝妈妈不自觉地往后撤了一下椅子，说："坐在你们俩中间太难受了。我好像体验到了我儿子身上要听话和不要听话中间的部分，好奇怪的感觉，原来是这样的。"

曹人类问蓝妈妈："是哪样的，你能说得再清楚点吗？"

蓝妈妈：我描述不出来，可是身体感觉到上半身滚烫，下半身冰凉。带领者，我刚好坐在你对面，你能帮帮我吗？到底是怎么了？

带领者问所有人说："我可以回应吗？"

大家把目光从蓝妈妈身上收回来看向带领者，点点头。

带领者：我记得上一轮小组还没有结束时，有成员先行离开了，我体会到先离开小组的成员一定承受了一些东西，当时留在小组里的成员也一定承受了一些东西，从这个意义上来说，大家的体验在某种程度上是非常相似的。另外，在上一轮我有一个闪念，就在有成员起身的那个瞬间，像是有什么东西被连根拔起了，那么刚好我对面的这位女性成员说到下半身冰冷，这使这个闪念又一次出现了。

蓝妈妈听到带领者的这段话，身体微微颤抖。

带领者：我不知道这样比喻恰当不恰当，如果小组是一片黑土地，我想了解一下诸位在前七轮的过程中，谁感到自己的根扎在了这里，有机会在这里、在这片黑土地里吸收养料？那么谁又感到自己的根系仿佛到目前为止还没有伸展呢？我想了解根系是否在发展，泥土是否肥沃。

许不知：带领者是问谁入土了吗？

张孤单打断许不知说："带领者不是那个意思，他是问谁在这里有归属感，并且获得营养了。小许，你刚才跟小权说的街舞那个动作我见过，那就像一个人为的飓风形状，就是被连根拔起的感觉，我觉得带领者说得很对。"

韩教育：在学校里我的学生们都很喜欢我，老师们也喜欢和我相处，我也有一个刚刚订婚的未婚夫，虽然我有这些在外人看起来很幸福的标志，可是我仍然觉得自己没有根，这是一种什么样的感觉？就好像我走在街上，过十字路口，如果离开斑马线一点点，我就会想象有辆车把我撞倒，然后我就像一片树叶一样飘忽着缓缓落下。《当绿叶缓缓落下》，你们知道吗，这是一本书的名字，是说死亡的，只有死亡才是我们最终的根。

张孤单：上轮我听到曹老师的话，脑子里出现了一个意象，就是好多人吆喝着推倒一棵深山老林中的大树，那么一棵枝繁叶茂的大树，也架不住众人的推倒。根在泥土里硬生生地被撕裂，发出沉闷的声响，好像失去了一切希望。

曹人类听到张孤单的话，说："小张，别再说了，我知道你懂我，哪怕一点点，也足够了。"

张孤单继续对曹人类说："好，那我就说说自己吧。现在有时候我在家里练琴，听着自己的琴声，就会想到小时候练琴的经历。那个时候爸爸在外面做生意，妈妈就在家里盯着我练琴，我想出去和小伙伴们玩，妈妈不同意。你们知道吗？练琴的孩子没有童年。后来爸妈就经常吵架，家里除了我的钢琴，其他的东西都被摔过，我永远忘不了的一个场景就是他们俩在吵架，不断有茶杯被狠狠地摔在地上，玻璃碴儿飞到我的腿上，我浑身发抖。我就更加努力地弹着琴键，把节奏加快，让自己能够更深地进入琴声的世界，好像我和钢琴一起飘起来了，不在这个房间里了。从那时候起，我就不需要别人来逼我练琴了，我喜欢练，每天都练，每次练琴时我就感觉所有的不开心都放下了，后来评级、参加比赛我都很顺利。可是没人知道，弹钢琴是我逃离那个家唯一的一条路。刚才小权和小许互相瞪眼睛的时候，这段记忆又回来了，就好像我家要打架的那个感觉又回来了。所以带领者说了一段话我就马上跟上，我就是怕这里会有人打起来，我永远不想再体验看着家里人动手自己却什么也干不了的感觉。"

董英才坐在张孤单的左边，一边听一边缓缓闭上了眼睛，腮帮子还有一点发抖。

高热忱发现了董英才的表情变化，问她："董女士，你怎么了？"

董英才瞬间睁开眼睛说："我没事，就是听着小张的话，心里有点酸，想到了自己小时候父母的一些事情。"

高热忱紧跟着问："那你能多说点吗？"

曹人类马上打断高热忱说："高女士，董女士也许还没准备好。"

董英才跟着说："没事，我们家主要是我妈嫌弃我爸，也是陈芝麻烂谷子的事情了，我先不说了吧。"

高热忱：那等你什么时候想说了再说吧。

蓝妈妈：我就是听不得孩子在家里受苦，刚才听小张说你是通过练钢琴来躲父母打架的，我还在想，可能我儿子就是通过不上学玩游戏来躲我和他爸的冷战的。谢谢你小张，你帮我更加了解自己的孩子了。还有就是能问问你吗，你爸妈为什么吵架吵得那么厉害？

张孤单做了一个吞咽的动作，然后说："我妈老怀疑我爸在外面有人，还怀疑他有私生子。"

蓝妈妈有点尴尬地继续问："那你爸爸是真的外面有人吗？"

张孤单机械地回应："我不知道，我也不想知道。"

大家都有点吃惊，此时高热忱说："小张，你妈妈怀疑你爸爸出轨，然后你的丈夫是真的出轨了，那么你认同你妈妈对男人的看法吗？"

张孤单听到这段话，很认真地想了想说："我不知道，不过你这样一说，我就想到前面我跟小权说话的方式，那种冷冰冰的像在审问他的语气，跟我妈确实有点像。"

韩教育接着说："我们都会像我们的父母那样吗？"

许不知：你不会像你喜欢的那个人的，你会更像你恨的那个人。

韩教育马上问许不知："为什么会这样？"

许不知悠悠地回应："因为恨能生根，喜欢就是一阵风。"

带领者：首先感谢大家对于根系这个比喻的一些自由联想，在这个过程中我也体验到了其中一些矛盾的情感，比如进入关系时的恐惧和离开关系时的孤独，比如自我不断尝试补偿那些累计的创伤却陷入迷惘，等等，另外我也发现，刚才大家谈到根时也谈到了爱与恨的认同感。我好奇的是，大家对小组的整体，而不是对哪一个人，什么时候体验到了爱的感觉，又在什么时候体验到了恨的感觉？

这时大家似乎是在浩瀚星空里飘荡时突然被抓回来一样，大多数人都在扫视其他人，像是用目光在小组里组成一个圆圈以回答带领者的提问。

以上便是第八轮的上半轮。

首先来看小组的内容。小组成员使用了问候和好奇的方式了解上一轮提前离开的成员这一周的状态，然后这个成员表述的状态轨迹引发了男性组员之间的冲突动力，进而引发了其他组员躯体的反应，带领者对这个反应进行了命名，然后小组开始普遍化这个命名中深层的隐喻结构，小组开始激活以往关系中的信任与背叛，以及距离与亲密中更深处的恐惧，并以象征的方式呈现并筹备整合。

其次来看小组成员之间的关系。小组关心上轮提前离开的成员的方式像在与儿童对话，组员回避了成人之间有边界的关心，从而回避上一轮来不及消化的象征性乱伦与禁忌焦虑带来的冲击感。当事人并没有认同这些关心，而是将之延展到男性成员之间敌意性的亲密中，两种力量的碰撞重新划定了成人之间对话的边界，从而使小组打破之前未能面对的对于巨大压迫感话题的无力感，组员们开始分享个人历史中关系绝望感的来源及那些曾被冻住的关于感觉的细微描述以复苏人格的弹性。

最后来看小组的潜意识。当小组呈现的主题暂时不能被小组容纳、体验与反思时，小组便会呈现一种"走三步退两步"的自我调整状态，组员内在更深层的关于人类关系的集体恐惧的体验被激活，于是小组会通过成员之间关系的张力（冲突、垂直暴露及水平的对话）来创造新的容纳空间。在这个过程中，带领者对于组员躯体化的反应的命名，与最后邀请组员谈论对小组整体的感觉的干预方式，会起到什么样的作用？这样干预的用意是什么？如果你来带领这个小组，你会使用何种干预的焦点？

上半轮谈到带领者做了一个干预，邀请组员梳理及谈论对小组整体的爱与恨的片刻。

大家听完后，曹人类说："第二轮小韩迟到，大家讨论是否要给她打电话时，我害怕这个小组会商量如何惩罚她，但还不到恨的程度；上一轮小许未经任何人允许提前离开时，我怕大家不再接纳他，也不到恨的程度；但是董女士说话时，好像她说的话都是对的，都是指令，而这里没有人反驳她，大家都逆来顺受，我恨这个小组没有勇气。"

董英才刚好坐在曹人类对面，听他这样说，董英才马上回应："刚才带领者说了，是对整体，不是对个人，你没听懂吗？"

高热忱马上说："董女士说的话，这里的人反对的声音最少，在我看来不是大家心里同意她的话，而是一种懒得反驳的感觉，最起码我是这样的，所以这是冷暴力。有时候我感觉这里的人说了掏心窝的话，其他人心里不同意，嘴上也不说，我恨这种冷暴力发生的时候。"

董英才听到高热忱这样说，也跟了一句。

董英才：心里有什么不同意见就说出来，做人要坦荡！

蓝妈妈：我在这里分享儿子的问题时，好几个人说是我的问题，上次只有小权关心了我，他看到了我当妈妈的努力。我感觉，每当儿子的问题被我放在这个小组里时，都没有人搭理，也没有人问这个孩子的更多细节，好像我儿子瞬间变成了弃儿——一个没有家、没人疼的孩子，我就是恨这种感觉，小组活生生地把一个有妈的孩子变成了孤儿。

大家听了蓝妈妈的这些话，表情都有一些吃惊。

许不知：我是真没想到蓝阿姨能有这样的体悟深度，真是刮目相看。我最恨的就是你们把我当成一个怪物看，我知道自己说话直，但是你不能说我不在乎关系。刚才我说羡慕小权爹死得早，说出来我就后悔了，不应该那样说话，我给你道个歉。

许不知边说边向权灵感低头致意，似乎在传递些东西。还没等权灵感说话，许不知继续说道："我恨这里有人说自己的伤心事时，马上就有人出来分析、定义和鼓励，蘸着人心底的血吃馒头，好吃吗？！世界上有感同身受这回事吗？我才不信。还有带领者说话永远那么理性，根本感觉不到他作为人的基本情感，就像马路上的红绿灯。"

张孤单：小许你不知道，上轮你提前离开以后，带领者说话前还叹了一口气，这口气里面有好多情感。

许不知听到张孤单说的这些，微微一怔，说："叹口气能代表什么，你别神化带领者。"

张孤单：我没有神化带领者，我当时能感觉他作为一个人的无奈，有时候我还能感觉他是在硬撑着这个小组，你们以为自己都是省油的灯吗？

此时权灵感抓住一个对话的空当，马上说："小许，刚才我也冲着你吼了，是我不对，没给你留面子，你别往心里去。"

　　许不知听到这话，攥紧拳头在胸口轻拍了两下，似乎在告诉权灵感收到了这份情谊，这样的表达方式似乎是街舞对手斗舞之后某种互相承认的仪式，权灵感也模仿许不知做了这样的姿势，两个人由对视开始变为对着笑，似乎其他人都不存在了。

　　蓝妈妈看着许不知与权灵感这一幕，会心地笑了笑，然后对许不知说："小许，你不能说带领者是红绿灯，他还是很关心你的，我能看出来，上一轮你提前离开，带领者说了很多话替你解围，这就是在担心你会被大家批评不遵守规则、不尊重大家。你刚才说这里的人不要互相分析时，你的行为不也没有尊重我们大家吗？"

　　当许不知听到蓝妈妈指出自己的语言和行为彼此矛盾时，似乎有些非常坚硬的部分瞬间碎了，许不知红了眼眶，他非常着急地说："对啊，我就是这样矛盾。刚才张姐说她妈怀疑她爸出轨，我那个爸不用怀疑，就是长期出轨，我就是怕我会跟他一样，结果现在就是一样。我劝了自己多少回、多少次，要坚持爱一个女人，要爱得久一点，要离开短平快关系的魔咒，可还是像那个该死的人。我之前指望我妈能够管管他，哪怕跟他离婚，我也觉得有机会离他远一点，可我妈找了个'情人'，叫心理学，每天跟这个情人打得火热，根本不在乎我的想法，还老问我的梦，就跟这个该死的带领者一样。"

蓝妈妈听到这些话，瞬间也泪流满面，她说："我多希望我那个儿子能像小许这样，把对爸爸的气愤发泄出来。小许，我替你高兴，你真是一个勇敢的孩子，哦，不对，是一个勇敢的男人。"

此时曹人类问蓝妈妈："蓝姐你刚才说的最后一句话是什么，能再说一遍吗？"

蓝妈妈：我刚才说小许是一个勇敢的男人。

曹人类也红了眼眶，他又对蓝妈妈说："你能对我也说这样的话吗，一模一样的这句话。"

蓝妈妈：曹老师，你也是一个勇敢的男人。

曹人类听完向前弯下腰，把头深深地埋向两腿间，上半身上下颤抖。男人的哭声被闷在里面，像老牛喘粗气的声音。

小组里所有的人都在哭，嘤嘤呜呜的、撕心裂肺的和完全无声的，各种哭声交织在一起。

带领者皱着眉头，不断调整呼吸，试图与小组集体的悲伤保持相同的频率，并保持目光规律地在每一个人身上停留。

高热忱一边哭，一边对蓝妈妈说："蓝姐，我觉得你真是了不起，你刚才既肯定了小许，他过去像个孩子一样，跟不同的女孩子玩恋爱过家家的游戏，现在在'妈妈'的眼睛里长大了；又肯定了曹老师，这位'爸爸'这么多年的挣扎，没人知道，太苦了。我学了几年的心理学了，在小组里忙活了这么多轮，不如你的这两句话'盘古开天'，我真的很佩服你，也觉得自己很幼稚，我太幼稚了！"

蓝妈妈也流着泪回应高热忱说："小高你别这么说，我一直羡慕你的洞察力，我也想有你那样思考问题的深度。你对我的帮助很大，只是你不知道而已。"

然后蓝妈妈看着董英才问道："小董你哭什么，你想到什么伤心事了吗？"

董英才：刚才听你说小许和曹老师是勇敢的男人，我就受不了了。我爸一辈子都在等我妈的这句话，到死都没等到。是到死都没等到啊！

这句话像一道闪电，使小组这个此刻充满电流的场域中再次闪过几个霹雳。

带领者：此刻我体验到似乎我们在为别人哭，也在为自己哭，在无限接近一些体验，也在慢慢远离一些体验，似乎此刻大家情感的张力带着大家面对了一些尘封已久的历史。我也想提醒大家，我们是在开始谈论"恨"这种情感时，才有机会来到这样的体验里。

哭声仍然此起彼伏，似乎没有人听到带领者的话。

大概五六分钟后，哭声渐渐平息，仍然有人在默默地流泪。

带领者：我们有没有落下谁呢？

蓝妈妈擦了擦眼泪对韩教育说："小韩你也在流泪，可是你一直都没说话，你想说点什么吗？"

韩教育缓缓抬起头，回答蓝妈妈："我不敢说话，我害怕，我害怕我会越来越离不开这个小组。我长这么大，从来没有遇到过这么多人在一起说心里话，真的有什么就说什么，完全不用考虑后果或者担心被人报复，也不用怕关系会断了。我'恨'这个小组为什么这么温暖，这么包容，这么不像人间。我好怕我会越来越依赖这个小组。最近几周我跟姐妹们聊天，有时候说着说着就想分享我在这里的体验和这里的故事，但是我忍住了，我知道不能泄密，但是我就是想让更多人知道，人和人还可以这样交流，还可以这样无拘无束地对话，我也恨我的生活那么苍白无力。可是我生活中没有你们这样的人，这可怎么办呢？"

张孤单这时突然冷冷地说："你们说，我离婚好不好？"

这时大家都收住了眼泪，诧异地看着张孤单，好像她是天外飞仙。

张孤单继续说："我在这里跟大家说了我跟任何人都没说过的话，也有了很多新的想法，我觉得不能拿孩子当回避自己真实想法的借口，这对孩子不公平。如果一个妈妈活得这么憋屈，孩子能好到哪里去呢？我应该有勇气过自己想要的生活，给孩子做个榜样。男人有勇气，女人也有。"

曹人类听完马上回应张孤单说："小张，你好像开窍了。你刚才的话是小组开始以来你说得最有力量的一段。"

带领者：我可以理解在小组进行期间，大家的内心有很多部分被激活、打碎与重组。这种重组的过程中既有艰辛和痛苦，又有希望和力道，有的人会担心这个过程无法遂自己的愿望被复制到生活中去，譬如刚才韩的担心，也有的人想要立刻将之全盘复制到生活中去，譬如张的决定。作为小组的带领者，我要提醒诸位的是，小组中的各种体验既是生活的浓缩、历史的浓缩，又是关系的放大、情绪的放大，所以需要在小组以外的时间里经历一段沉淀与微调的过程。因此参加小组期间，请尽量不做关系方面的重大决定。当然，这只是我的一个建议，供所有人参考。

张孤单听完眼神直直地说："我好像又跟我妈一样冲动了，不冲动的时候我好像跟我爸一样抑郁。"

许不知马上说："刚才带领者说的我也在想，真的好奇怪，为什么公开谈恨的结果却是大家越来越近了？如果我不会苦中作乐了，我都不知道自己还会什么。"

董英才对许不知说："小许，咱俩有一个地方很像，就是都擅长理直气壮，自己是对的时就不顾方式方法，以后咱们要学着'理直气柔'。"

许不知马上说："董女士你好柔。"

大家听到许不知像一个男人那样调侃董英才，都会心一笑，似乎那句"勇敢的男人"还回荡在耳边。

以上便是第八轮的下半轮。

首先来看小组的内容。在下半轮中，小组成员接受了带领者的邀请，开始回忆小组整体在哪一个时刻分别让组员们产生了爱与恨的感觉，而这些不同层面、不同角度的分享，又激活了小组带领者与组员之间的关系张力。组员开始不断抛出带领者远和近的话题，也就是带领者值得被信赖和与之保持距离的两个部分的张力继续呈现，后又激活了组员原生家庭中分裂性的养育者关系的历史体验，组员进而分享了更多并离开历史中"女娲补天"的角色。

其次来看小组成员之间的关系。小组成员在表达对小组本身整体性的不满时，他们还是会制造替罪羊来为自己的不满负责，譬如起初董英才险些成为替罪羊，因为小组的成熟度及组员关系的柔韧性水平越来越高，转瞬即逝的替罪羊的动力转移到了对带领者爱与恨的体验中来。组员们在这个体验中相互整合，当一个组员表达出具有治疗性功能的语言时，其他人也在一个叠合的痛苦中被救赎，不再承担过去养育者间关系遗憾的代言人的角色，组员们更加深入地发展了彼此治疗的直觉和能力。

最后来看潜意识。当带领者邀请组员谈论对小组整体历史的感觉时，带领者似乎帮助组员在一个成员的角色上增加了带领者的视角，这种深陷其中又可以主宰小组意义感的感觉可以更有效地帮助组员继续深入梳理自我、家庭、家族与社会系统之间海岸线一般的边界系统，可识庐山真面目，又可自我选择在庐山的景色中彰显自己的某部分特质，从而开始培养组员管理自我在关系中命运的能力。需要注意的是，这个维度的工作出现了小组集体性悲伤的高潮。需要思考的是，是什么导致这个工作节点出现了集体性的悲伤，你的考虑和假设是什么？如果是你带领这个小组，你会如何针对这个部分开展工作？你的用意是什么？

共鸣与孤独，谁更真实

场地、时间设置依旧，小组开始的时间到了，无人请假、无人迟到，座位图如下。

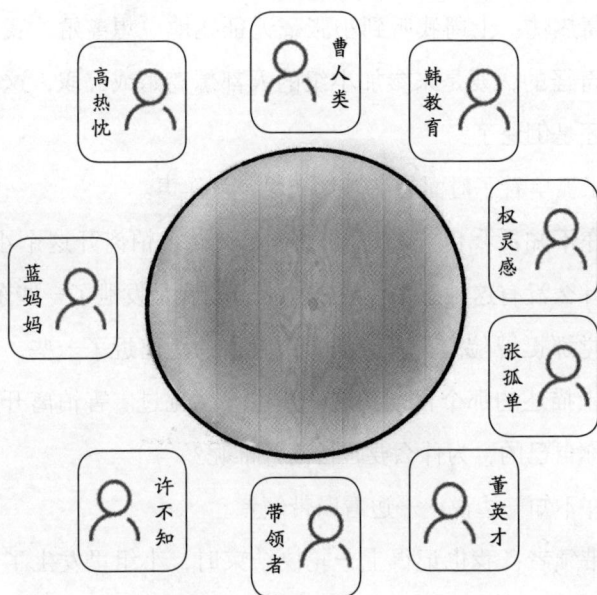

带领者：欢迎大家回来，大家这一次仍然没有人迟到，时间依旧、设置依旧，现在是7点半，咱们9点结束，可以开始了吗？

大家看起来似乎有一些漫不经心，好像还在消化上一轮发生的某些未经讨论的内容，这时候蓝妈妈说话了。

蓝妈妈：我记得上周快结束时，小董说她爸爸一辈子都在等她妈妈的一句话，到死都没等到。我就对她父母的关系非常好奇，不知道什么样的爸爸妈妈能养出这么坚强的女强人。

蓝妈妈边说边把目光有意无意地投向斜对面的董英才，董英才听到这段话，有一些迟疑，也有一些欲言又止。

高热忱：上周我听到小张毫无征兆地说想离婚，我也感觉挺奇怪的，要是来参加小组的人都想离婚或辞职，这是成长了还是倒退了？

张孤单看了对面的高热忱一眼，没作声。

许不知：我也好奇，上轮韩女士说害怕离开这个小组，我为什么没有这种感觉？没错，上一轮我是发泄了一些东西，我感觉那挺冒险的，我也觉得跟大家的距离近了一些，可是韩女士描述的那个程度我这辈子也没感觉过。害怕离开谁？你是你自己的，为什么要害怕离开谁呢？

许不知一边说，一边看向带领者。

带领者：我也记得上一轮快结束时，小组里发生了一场很重要的情绪风暴，焦点在于男人和女人、权威和成员、依恋和分离。我们在彼此的关系空间里越来越多地发现那些令人难以面对却并不陌生的东西是如何影响自己的生活的。如果大家愿意，我们可以分享这些更加深入的体验。

听到带领者的这段话，小组里所有的人都陷入了沉思，过了大概四五分钟。

曹人类：我想先谢谢上一轮蓝姐对我的肯定，我请她也对我说一遍她当时对小许说的话。当我真的听到了那句话——对我作为一个男人的肯定，那种感觉怎么说呢，像成人礼。我知道这么说有点夸张，我几十岁的人了，我指的是那种心灵上的成人礼。之前我一直觉得，跟这个社会接触时，我内心是极度孤傲的，我不屑与有些人相提并论，就像刚来到这个小组时，我跟所有人都保持了一种隐形的距离，我不靠近你，你也别来接近我，我觉得人跟人的接近意味着一堆麻烦，剪不断理还乱。我知道自己说得有点乱，归纳一下，我就是想说，之前我觉得这个社会欠我一个公道，现在我觉得谁也不欠我们，是我们。哦，不对，是我自己没放下、没过去，所以内心有很多愤怒，也许靠近我的人感觉到了，就先对我愤怒了。我理解了为什么我在人群中总是容易成为"活靶子"，上一轮蓝姐的话让我内心的一部分真正长大了。不好意思，我说得太多了。

蓝妈妈认认真真地听曹人类说完，然后说："曹老师你说得很清楚，说得不多，如果你愿意，可以多说一点，大家伙看可以吗？"

蓝妈妈边说边把目光投向所有人，像是在征求大家的意见，所有人微笑着听着蓝妈妈的号召，轻轻点头。

曹人类：谢谢蓝姐，那我就再说点。上一周小组结束之后，我干了一件之前我永远不可能干的事——我去单位跟我的直接领导者说了些心里话，我告诉他当我的领导这么多年辛苦了，我给他添了不少麻烦，谢谢他，并希望以后他能够对我更加严格地要求和管理。

这时权灵感插了句话："你怎么突然变得那么没志气了？"

曹人类：小权这不是没志气，在那个过程中我感觉到自己的尊严感不是下降了，而是上升了，这种感觉对我非常重要，表面上看好像我在讨好上司，是吗？可是我心里的感觉是，在跟权威交往时我不再是被动的了，而是虚怀若谷地变得主动了，因为是我请求权威对我严格要求的，这个力量的出发点在我这儿。还有就是这一周我干活时的感觉也变了。之前脑子里想的都是别如何、别如何，你们在小组里也听我这样说过，我之前说过别惩罚、别孤立等，脑子里都是避免发生什么的想法，现在都是"我要如何""我要一个怎样的过程和结果"，真有点"我的日子我做主"的感觉了。就在这一周，这种变化神奇地发生了，之前我以为自己在进步，其实是在逆来顺受，现在看起来我的个性没有了，但是我感觉到满满的力量。

又是蓝妈妈先回应曹人类，她说："我挺为你高兴的，曹老师，你有这样的变化，我也感觉挺神奇的。"

高热忱：我也祝贺曹老师，你把创伤年轮放下了，真有点自我发展、突飞猛进的感觉。

韩教育：曹老师，之前我就觉得你有才华，可只是理智层面这样认为，听了你刚才的那番话，我现在心里也感觉你好有才华，为你点赞！

许不知这时问韩教育："韩女士你能说说吗？什么叫理智上觉得一个人有才华，什么又叫心里感觉一个人有才华？"

韩教育定睛看了看对面的许不知说这句话时的表情，对他说："我不想回答你的这个问题。"

许不知听完这话一脸懵懂。

权灵感：韩女士，我也想知道，你刚才说的两种对于才华的感觉，有何区别呢？

韩教育：小权，我愿意回答你的问题。

话音刚落，大家都笑了一下，许不知尴尬地挠挠头，没再说话。

韩教育：之前听曹老师说话，脑子里觉得这个人有思想、有才华，但跟我没有什么关系，就是远远看着而已；刚才的感觉是听曹老师现在说的话，心里觉得他就在你心里说话，就好像在帮你把心里的一部分想法变成语言说出来，这种感觉很顺畅。

权灵感听完之后点点头，对韩教育说："谢谢你，我想我明白了。"

董英才：曹老师，你听到刚才大家对你的反馈，现在有什么感觉？

曹人类：我有点压力。我是想很纯粹地感谢蓝姐对我的帮助，表达自己这一周的感觉，没想到大家会这么肯定我。

董英才：那你觉得这种变化的心路历程，是自己放在心里咀嚼好，还是分享出来好？

这时张孤单抢着回答："我觉得还是说出来好，就像上一轮我脑子里关于离婚的念头，如果我上一轮不说出来，恐怕这一周我就去民政局了，可是把那个想法说出来之后，我才知道自己心里到底发生了什么。"

董英才继续问曹人类："曹老师你说呢？"

曹人类点点头示意董英才别着急，他想了一会说："我觉得董女士这个问题挺触动我，心里的路程究竟是自己一个人走好，还是找一些人一起走好，其实我现在也没有答案。"

带领者：这是一个很重要的讨论，从这个小组的历史来看，高女士似乎是这里邀请、鼓励其他人表达和分享次数最多的人，不知道她会不会认为，人和人之间的对话和共鸣对于这个小组非常重要。

这时大家顺着带领者的声音齐看向高热忱。

高热忱：是的，我就是这么想的，大家都把心里的话说出来，彼此有真正的交流，咱们才能共同发展。

带领者：谢谢你的确认，我也还记得，董女士在小组的历史中是表达自己独立观点最多的人，不知道她会不会认为，独处的智慧是更重要的事情。

这时大家又顺着带领者的声音齐看向董英才。

董英才：是的，我就是这么想的，人和人之间首先要有一个独立的前提，如果不独立，就容易被别人的思想控制，失去自己把握命运的能力。就像我之前说的，我爸爸一辈子都在等我妈的肯定，为此痛苦了一辈子，这就是太依靠别人评价的结果。

带领者：也谢谢你的确认，那么我很想了解，如果我们邀请高女士和董女士对话，会发生什么呢？

这时小组里所有人都分别看向高热忱和董英才，似乎期待着她们之间的交流。

高热忱：其实就是带领者不这样总结，我也想找个机会跟董女士交流，因为在我看来，她是这个小组里最孤独的，到目前为止，我都不太清楚她是怎么变成今天的她的。前面几轮听她说对单位里直接领导者不满，后面就没有什么太深的印象了。我觉得好像她不属于任何关系，也没有太大的情感起伏，除了上一轮流泪了，其他时候她都像石佛。

董英才听完高热忱的话，微笑着摇了摇头，她说："其实对上一轮我的掉眼泪的事情，小组结束后我就后悔了。我不应该给大家添麻烦，我觉得大家没有义务承受我眼泪背后的东西，人应该先把自己照顾好。我对于一个还会流泪的自己感觉是很陌生的，我不喜欢那样的自己，这一周我都有点沉闷，我不喜欢自己这个状态。"

蓝妈妈听完高热忱和董英才的这段对话，问带领者："我可以说话吗？"

带领者：任何人都可以说话。

蓝妈妈：谢谢，刚才我听了你们俩的对话，其实我有点心疼董女士，连自由哭泣的权利都不给自己。说到独立，我之前就特别希望自己的儿子能独立，自己的学习自己搞，自己的事情自己做，可是现在我很想听他说一句，"妈妈我搞不定学习的事情"，我真想他能给我一个机会，让我可以跟他共同面对一些东西，而不是什么事情都自己扛。

许不知：自己扛也没什么不好的，凡是杀不死我的，都会使我更强大！

曹人类这时反问许不知："有关系的脆弱和孤独的强大，你要哪一个？"

张孤单：也不一定就是二选一，我觉得可以同时拥有。

带领者：我很尊重大家刚才讨论的关于关系风格与情感表达风格的哲学观，与此同时我也在考虑如何发展更多样化的风格来提升大家应对复杂生活的能力，这是我当下在思考的事情，对此我的思考是，也许我们正在为一些自然流淌的东西筑堤坝，并用之发电。

以上便是第九轮的上半轮。

首先来看小组的内容。小组一开始有两条内容的线索同时存在，一条是组员对上一轮情绪情感的高峰彼此进行了回顾，似乎要延续上一轮的深度，继续发展融合；另一条是组员分享这一周自己如何把在小组的顿悟和关系的嵌入创造性地复制到生活和工作中，也就是如何在生活中实践自我在小组中的发展。随着对话的增多，这两条线索转换为组员讨论针对人与人之间的距离，是共鸣更有意义还是独立更有意义，小组成员再一次更加成熟地探讨融合与分离的边界。

其次来看小组成员之间的关系。一开始组员分别以上一轮个体的某个片段，比如某句感慨、某句自我分析为切入点，来获得更完整的彼此的人格体验，小组男性则为小组提供了一个示范，分析自我在小组中的关系体验以及如何带着这种关系胜任感去完善生活中的自我。小组中的我与生活中的我二者之间的过渡与整合，给了所有成员一种启迪和成就，同时也增强了组员关系中的意义感。之后，小组中代表融合顶端和分离顶端的两位成员被带领者邀请，代表小组的这两个部分尝试整合一种并不内耗的关系哲学并将其实践于小组中，带领者创造了一种治疗性的配对。请你思考，为什么此处的配对是有治疗作用的，而小组前期的配对是具有防御性的，它们的区别在哪里?

最后来看小组的潜意识。小组的发展,无论长程还是短程,基本都遵循一个轨迹和路径:试探期—风暴期—创伤期—平台期—冲刺期—分离期。试探期的核心是焦虑,所有人都要把自己想象中的完美小组覆盖到小组一开始的状态中,组员们跟自己脑子里的小组在一起,并没有跟其他人在一起;在风暴期,小组成员对于脑中理想的小组的幻想破灭,产生了大量被欺骗的感觉,这种沮丧转换为对其他人,尤其是带领者的失望,分别通过冷加工或热处理变成了被动攻击(冷暴力)或冲突,然后所有人都在潜意识里试图毁灭当下的小组。后面经过带领者的工作,组员发现小组是一个有力的容器,归属感、安全感和真正的对话激活、复苏了内在人格与关系的创伤史,小组进入创伤期。接着小组进入了平台期,就像减肥过程中的平台期一样,小组做了大量的水平运动,整合导致内耗的一切议题,也就是第九轮的议题。请思考,你能在前面八轮的小组过程中梳理出这几个阶段吗?你是否发现了一个阶段向下一个阶段过渡的对话或事件?

带领者使用了一个隐喻来说明小组正在使用理智凝固一些体验并积聚力量,这个赋义性的干预做完之后,大家纷纷开口。

曹人类:带领者刚才说的是成员之间的对话越来越理智,好像有一些情感不能自然流淌了,就像把水蓄起来了,像水库，可是他又说堤坝可以发电，这个比喻真有意思。虽然刚才董女士一直强调独立和思考，可是我觉得她刚才的话离咱们大家都近了点，她上一轮说要"理直气柔"，她刚才问我问题时好温柔，我觉得她做到了。

许不知：离那么近又能怎么样呢？还不是一样要分开。上一轮韩女士不是说了吗？那么温暖干什么，令人害怕，好像世上再也找不到这种温暖了。这也是人家真实的感受啊！

韩教育：小许你都拿我的话说了两遍事了，我觉得我不是要表达那个意思。这一周我也好好地想了想，没有体验过人和人的真实情感，才是我害怕走入婚姻的原因。我有时会幻想未婚夫能说点脏话或者发个脾气，我想感受一下最真实的他，想知道他失控是什么样子。有时候我会故意惹他生气，我想看看他会不会生气到一定程度就不要我了，说穿了我还是怕被抛弃，但总觉得自己在关系里立不住，我自己在这段恋爱关系里何尝不是很假呢？从来不敢不化妆见他，时刻都小心翼翼。可是在这里我就不会害怕被谁抛弃，因为我相信我在你们的心里，因为你们也走进了我的心里。董姐你能明白我的意思吗？

韩教育眼里含着泪花望向董英才。

董英才缓缓地说："其实我刚才听曹老师分享自己的变化，我挺羡慕他的，我也想有这样的变化，我也想处理好跟权威的关系，但是我不想通过示弱来获得尊重。都说女人只有示弱才能获得照顾和尊重，我不这样认为。"

曹人类：那你的意思是我在单位里跟领导说的话是一种示弱？

董英才：有一点那种味道。

带领者此时问董英才："我可以了解一下吗？在你的心里，谁是这个小组里时常显现弱小的人？"

董英才调侃说："这个坑挖得好大。"

蓝妈妈：小董你说吧，我们都不介意。

蓝妈妈说完看看大家，大家都笑眯眯地点点头。

董英才：一开始我觉得蓝姐挺弱的，一个青春期的孩子都搞不定；后来觉得小张挺弱的，自己的男人都被别人抢走了；再后来觉得小许挺弱的，拿玩世不恭当个性，后来，后来……

董英才越说越断断续续。

曹人类：后来发现自己才是最弱的，因为都没有什么触动和变化，是吗？

董英才：是。

这时许不知插话："那董女士你现在是不是在示弱？"

董英才：有点。

高热忱：我们没有瞧不起你，相反，我们觉得你很勇敢，弱者就可耻吗？你有这样的信念吗？

董英才：我并没有觉得弱者可耻，我是感觉弱者会被淘汰。

曹人类：如果你是个将军，要带兵打仗，我觉得你就应该人前钢板一块；如果你是一个女人，要经营好生活，我觉得你就应该花枝招展。

张孤单听了一惊说："花枝招展是不是浪的意思？"

韩教育：我觉得不是浪的意思，浪有点贬义了，我理解曹老师说的花枝招展是一种真性情的意思。

蓝妈妈：我对这个话题也挺感兴趣。女人什么样才对呢？男人才会喜欢呢？

许不知幽幽地说："男人喜欢有自我的女人。"

权灵感：董女士就非常有自我，那小许你喜欢吗？

许不知：我不喜欢，我觉得董女士的自我没有生趣。

蓝妈妈：你们男人要求太高了，有自我还要有生趣，你们干脆去找七仙女吧！

大家听到蓝妈妈这样说，都哈哈笑起来。可诡异的是，一阵笑声之后，小组突然沉默了。

带领者：我们刚才正在讨论所谓强与弱同关系远近的函数关系，突然变换到男人女人的话题，然后沉默了，千言万语如鲠在喉，究竟发生了什么呢？

高热忱：我在社区里有一次给一对夫妻做调解工作，就在社区活动室，两个人因为一些琐事吵着要离婚。到我这里来时，女人在哭，男的一个劲儿地抽烟，我就问到底怎么回事。男的闷着头抽完两根烟以后跟我说，他觉得自己的老婆太强势、太霸道了，我看着正在嘤嘤哭泣的老婆，感觉她不像她老公说的那样，结果不到两分钟，这个妻子从椅子上跳起来指着丈夫的鼻子说"你说谁强势"。

这时大家脸上的表情有点扭曲，似乎有一些笑意又有一些荒诞感。

高热忱：小许，这是不是跟你的味道有点相似了，荒诞吧，黑色幽默吧？我想说，有些时候，女人因为不安全感所显现的那种强势，自己都习以为常了，其实打心底来说，我觉得自己跟董女士是有点像的，虽然刚才带领者让我们俩对话，好像我们的区别很大，但是我觉得内在都是一样的，就是凡事都要靠自己，深深地不相信别人。刚才曹老师分享了自己的变化，我也很羡慕，我想其中一定有一些信任在发展。因为我们家的经历跟曹老师家有点像，所以我对这个社会也有些不信任，或者说我对人性还是信心不足，可我偏偏又做了社区工作者，还对心理咨询感兴趣，真是奇怪。

许不知此时对高热忱说："高女士，你分享或分析你自己时，我就觉得你挺女人的，很温婉。我喜欢你的这一面。"

曹人类：我跟小许的感觉很像，并不是因为你羡慕我，我才这样说，我就是觉得之前你就像一个战地医生，挎着急救箱奔走在各个成员之间，我现在就觉得你把急救箱放下了，恢复了你的本来面目。

此时，高热忱脸上似乎有了一丝害羞，她说道："谢谢。"

权灵感：你们还记得我之前说自己的父亲很早过世吗？这两年除夕，我跟妈妈一起吃年夜饭，我妈就会唠叨，大概的意思是她们家族里的女人都很命苦，不是自己要撑一片天，就是无依无靠，我听了都很心酸。然后想到我之前对女朋友的背叛，我好像也在制造一个苦命的女人，我说到这里都觉得浑身发冷。

董英才听到这里，突然一愣，整个身体都僵住了。

韩教育看到这一幕，问董英才："董姐你怎么了？"

董英才深吸一口气，开口了。

董英才：刚才小权的话击中我了。虽然我在工作中有一些成就，也被人欣赏和肯定，但其实我心里并没有多少满足感和幸福感。我一直在思索，为什么我心里总有一丝丝苦涩的感觉，这种感觉究竟是怎么来的。刚才听到小权说家族里苦命的女人，我好像明白一点了。之前我说过，我爸爸一辈子都在等我妈妈的一句肯定，可他就是没等到。这句话讲出来之后我回忆了很多，我觉得我妈妈这一生就是很命苦的，对丈夫失望，对工作失望，对亲戚关系失望，没有一件事情是令她满意的，但她从来不发牢骚，有什么话都压在心里。我很感谢她从不唠叨，所以我也就没有变成"祥林嫂"。可是无论我怎么努力，总觉得心里有一个地方是对自己不满意的，就好像继承了我妈对所有事情都不满意的特质，她已去世多年，难道我还在为她活着？我也有点浑身发冷。

带领者：是否可以邀请有躯体感觉的成员把这种感觉变成语言呢？哪怕是只字片语。

权灵感：我不知道这个时候谈论男人女人这个话题有那么大的能量，我的出轨像是为女人提供了快乐，却在另一边让一个女人产生了痛苦，我到底在追求什么呢？

带领者此时看向左边的许不知，问道："许，你追求什么呢？"

许不知一愣，想了想说："之前我想要一种低调的孤独寂寞冷，现在我想能真正与人对话。"

带领者继续问："蓝女士，你呢？"

蓝妈妈：之前我想改变我儿子，现在我想了解这里每一个人的人生。我想知道别人是怎么活的。

带领者继续问："高女士，你的追求是什么？"

高热忱：我想把对别人的兴趣变成对自己的兴趣，我做得还不够。

带领者：你在重复不信任自己。曹先生，你呢？你的追求是什么？

曹人类：我想换个活法。

带领者继续问道："为谁换个活法？"

曹人类一愣，接着说："为我自己，不为其他人。"

带领者点点头，问韩教育："韩女士，你的追求是什么？"

韩教育：我想平静地享受亲密关系。

带领者继续问："小权，你的追求呢？"

权灵感：我想让自己爱的女人快乐。

带领者继续问："张女士，你的呢？"

张孤单说："我想做一个花枝招展的女人。"

此时大家都笑起来。

带领者继续问："董女士，你的追求是什么呢？"

董英才：我想变得柔软但不脆弱。

带领者：谢谢大家的回应，我像一个复读机一样问了每一个人同样的问题，而诸位的回答是不一样的，这正是小组的魅力，每一个人都不一样，可是仍然能够组成万花筒一样的小组，彼此映射着光芒。我希望大家记住你们刚才说的所要追求的目标，还有最后三轮，你们可以在剩下的能够共同相处的时间里努力完成这些目标，也许这不太容易，不过我们的关系已经在这里生根了，我相信开花结果是必然的。最后谢谢大家的一切表达，请关注你的梦，咱们下轮见。

以上便是第九轮的下半轮。

首先来看小组的内容。在下半轮中，组员对带领者的干预做了一个阳性的赋义，并将之转化到关于亲密关系的压抑与真实的话题中，然后这个话题又变化为在两性关系中如何张弛有度、舒展自如，组员们分享了两性之间彼此的一些幻想，在幻想与控制、期待与失望之间重新尝试性地划定了边界，后面的重点落在女性对于痛苦成瘾的话题上，并引申到家族女性代际认同的主题上，最后带领者向每一位成员确认剩下三轮的核心任务。请问，带领者跟每一位组员对话并确认这个任务的优缺点各是什么？

其次来看小组成员之间的关系。其中有两条线索，一是女性组员互相分享在亲密关系中的迷惘与挫折历史，以彼此支持与鼓励做更深的袒露；二是男性成员与女性成员之间互相分享与碰撞自身对于两性关系的假设与过失（关系目标与现实的差距如何被制造出来），这两条线索彼此交织，这也可以被看作水平与垂直的一种特殊节奏的共舞。在带领者——聚焦对话时，成员们彼此见证了小组最后一个阶段的任务和冲刺的方向，同时也更深地体验了普同性因子所孕育的小组动力。

最后来看小组的潜意识。在下半轮小组成员的内部分裂、他们之间的关系分裂、当下与历史的分裂，这三种不同角度的分裂一直在发生，就好像旧的细胞分裂死亡，新的细胞通过分裂诞生。在从平台期缓慢过渡到冲刺期的过程中，小组再一次出现了前语言期创伤被激活所浮现的躯体化现象，带领者鼓励语言化，也就是通过语言象征化；成员们要面对一种恐惧，即是否可以比自己家族历史中的同性权威都更加幸福，是否可以在失去对家族中亲密关系创伤的忠诚后仍然保留亲密与认同？当一个人的俄狄浦斯冲突成为一群人的俄狄浦斯冲突时，群体发生了什么？你的观察是什么呢？

第十轮

思念与爆发，哪个先来

场地、时间设置依旧，小组开始的时间到了，无人请假、无人迟到，座位图如下。

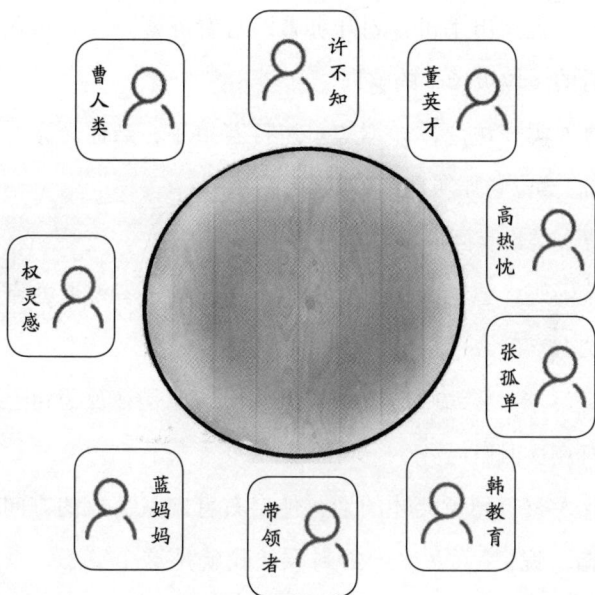

带领者：欢迎大家回来，无人请假、无人迟到，时间依旧、设置依旧，现在是7点半，咱们9点结束，可以开始了吗？

所有人点点头，然后带领者补了一句话："我想提醒大家，这次是小组的倒数第三轮。"

大家彼此看了看。

曹人类：我先说吧。上周我听了大家的目标，心里激情澎湃，回去特别思念一首歌，我还把这首歌的歌词找来了，记在手机上了，我来念给大家听。

不知道什么原因，当曹人类说到歌曲时，张孤单的身体往前一倾，眨眨眼睛。

曹人类掏出手机，划开屏幕，对着屏幕一字一句地念起了何勇的《垃圾场》的歌词。

曹人类一边念，许不知一边打着拍子，当他念完时，许不知说："曹老师您是真朋克。"

曹人类没有回应，深深地吸了一口气。

蓝妈妈：曹老师，上一轮你不是对带领者说要为自己换个活法么？怎么一上来又开始忧国忧民了。

董英才：曹老师这不是忧国忧民，他是在反思自己，或者说有点反讽自己。

曹人类听到董英才的话，伸出右臂向董英才的方向竖起大拇指，说："董女士一剑封喉，我就是这个意思，以后你们谁也别再骂我愤世嫉俗了，要是再有人这样说，我就会回嘴——你才愤世嫉俗，你们全家都愤世嫉俗。"

大家哈哈笑起来，蓝妈妈说："打击面太大了，小曹你说你自己就可以了。"

许不知：蓝女士，曹老师就是在换个活法啊，怎么您老还不同意吗？

蓝妈妈：我没有不同意，这是矫枉过正，懂吗？

韩教育：我特别想看蓝女士和小许吵架。

高热忱问韩教育："为什么？"

韩教育没回应。

蓝妈妈继续问许不知："小许你能分享一下吗？你是怎么活的？"

许不知：我就是每天"吃鸡"、上班、喝酒。没什么别的事。

蓝妈妈：什么是"吃鸡"？

许不知：哦，就是网络游戏，赢了就能得到奖品，外号"吃鸡"，哈哈。

这时权灵感说："小许，你还记得吗？上轮你说自己要与人真正对话。"

韩教育接着说："是的，小许你能不能说点走心的话？"

许不知瞬间有些哽咽，默默地咬了咬牙关，两腮有些许青筋隆起，说："蓝女士或蓝阿姨，其实我挺想让你成为我妈妈的，虽然你有时候有些唠叨，有时候有些焦虑，有时候有点'二'，可是你是很质朴的，很简单的，岁月没有污染你，你说出来的话跟你的心是一致的，怎么想的就怎么说，这是我想努力做到的。"

蓝妈妈听到后有一些情绪涌现，她用手捏了捏鼻子，也许她的鼻子有些发酸。

许不知：我想对这里所有的人说，如果我之前哪里伤到大家了，我给大家道个歉，那不是我的本意，我是不知道该如何靠近你们。

高热忱：小许，听到你的这些话，我心里有一丝热有一丝凉，热的是我感觉你很勇敢，凉的是你并没有做错什么，不需要道歉。

曹人类对高热忱说："高女士，你有变化，你在说你自己内在的变化，你没有再侦察别人。"

高热忱尴尬地点点头。

蓝妈妈对许不知说："谢谢小许，你的话对我很重要，此刻我特别想念一个人，我的姥姥。其实我小时候跟她老人家在一起待了很久。虽然我在一个大家庭中，但是爸爸妈妈没有时间照顾我们几个孩子，都是她老人家操持里里外外。记得当年我拿到第一个月的工资后，就想给她买一份礼物报答她老人家，但是偏偏就在那一天，她出车祸去世了。我兜里揣着一个月的工资在太平间见到她老人家的遗体，那种滋味……"

韩教育呜呜地哭了起来，一边哭一边对蓝妈妈说："蓝姐对不起，对不起。"

蓝妈妈：小韩你言重了。到现在我都不知道那几年的日子自己是怎么过来的，就对什么事都提不起兴趣来。

董英才：蓝姐我感觉到了你的悲伤，好像每天的天气都是阴的，总也见不到太阳。

蓝妈妈：小董你说得真对，你变细腻了。当时我觉得每天都透不过气来，像有一块大石头压在胸口。

张孤单眼中含着泪。

张孤单：蓝姐那后来呢？

蓝妈妈：后来我去给姥姥上坟，在坟前烧纸时突然就感觉气顺了，虽然哭得上气不接下气，可是感觉心里那口气能出来了。再后来，每年大年初一，我就用饭盒带着她老人家最爱吃的刚出锅的素三鲜馅饺子，去坟前跟她说话。郊外公墓还是很冷的，我就自己用海绵和碎布头缝了一个饭盒套，到了坟前，把饭盒拿出来，放在饭盒套上面，免得饺子凉了。两双筷子，我一双，她老人家一双，我就面对着墓碑跟姥姥说话，说这一年我的进步，说这一年家里发生的事情，说累了就夹一口饺子，给她夹一个，我自己吃一个，每年都会剩下半饭盒饺子，拿回来后我舍不得扔，就拿水烫了再吃，就着眼泪吃。我好想她。

小组此刻无比安静，所有人的脸上都挂着泪水。你能看到泪痕亮晶晶的，因为泪水一直在流过。

高热忱：蓝姐，我感觉她老人家没有走，就活在你的心里。

蓝妈妈：谢谢小高，我也是这种感觉，可是见不着她老人家的音容笑貌，只能在梦里见到，只能跟墓碑说话，这种滋味……

张孤单：人死不能复生，蓝姐你别太难过了。

高热忱听到张孤单的话，说：小张你这话说得好像你是一个路人甲。

曹人类：高女士，小张也许是因为太难过了，不知道要说什么。

带领者：小组刚开始时我提醒诸位还剩下三轮，这也许激发了小组内在的某些张力，我看到大家都在推动和确认彼此的变化，后来这些坦诚相见的互动激活了一个与死亡丧失、与缅怀有关的话题，好像刚刚复苏的一些东西又被冻住了。我很想了解什么东西被激活了，什么东西又被冻住了？

高热忱马上接话："刚才我还沉浸在蓝姐和姥姥情感的世界里，突然听到小张苍白的安慰，就感觉一股凉风吹来，心里很多细腻的感情都被冰冻了。"

曹人类：我还是坚持认为小张是太难过了，她也很无助，好吗？

权灵感：我觉得，蓝姐能在这里分享她和姥姥阴阳两隔的情感是对咱们的信任，我能感觉到蓝姐孩子还没做够就开始当妈了，不容易。刚才董女士也让我吃了一惊，她的变化，哦，不对，董女士你的变化好大，我在心里为你鼓掌。后来张姐的话也让我感觉挺突兀的，虽然字面上听起来没有什么不恰当的，可是那个感觉就好像在逃跑，张姐你到底怎么了？是不是死亡这个话题太沉重，把你压垮了？

张孤单此时正低着头沉思，听到权灵感的话，她轻轻地摇了一下头。

韩教育：小权也说出了我的心声，我坐在小张的左边，突然感觉右边的肩膀很凉、很麻，好像坐在一座冰山旁边。小张你没事吧？

蓝妈妈：小张，不好意思，是不是我说的东西太沉重了，让你不舒服了？

许不知：蓝女士，你别这样，你有说话的权利，你没有让所有人舒服的义务。

曹人类：我的观点跟小许一样，蓝女士你不必自责，我们还不知道小张那里发生了什么呢。

董英才：我感觉到了蓝姐的思念，小组里的男士想保护她。我也感觉到了小张的害怕，好像说也不是、不说也不是。我感觉到这里有秘密，要是在以前，我就会开始点评了，但是我想改变自己，我想说出来但又不控制。我想说，这里有一个秘密，我也感觉有些害怕，无所适从。

韩教育：刚才蓝姐分享的跟姥姥的关系，我感觉好亲切，我对自己很生气，之前不应该把她当成坏妈妈去质问，我心里想到，坏妈妈也是妈妈，曾经也是个孩子，都是在爱里没吃饱的孩子，所以刚才才会道歉，我没事，蓝姐你不用担心我。我还想说，我左边刚好坐着带领者，就感觉左边挺热的，右边还是冷的，现在我是一半是火焰山、一半是冰山，我在中间夹生着，你们谁能救救我啊？

韩教育对面的许不知笑了笑说："炼丹炉的感觉又来了，韩女士你挺住，我在这里用目光支持你！"

大家没有被许不知的玩笑影响，仍然面色凝重地看着张孤单，此时张孤单的头低得更深了。

带领者：有三种力量正在小组里流动，一种是关心问候的力量，一种是好奇想要了解的力量，还有一种是整合的力量，不只是有冷有热，还有暖意。不知道接下来会发生什么，我希望一切都是自然发生的，并非来自刻意或压力。

张孤单听到带领者的话，缓缓抬起头说："谢谢小权和曹老师的关心，也谢谢董女士的真诚，蓝姐你没有给我带来压力，我是想到了过去的一些事情，我没事。"

以上便是第十轮的上半轮。

首先来看小组的内容。上一轮快结束时，组员们分别在带领者的叩问下与自我和小组做出了承诺，明确了在小组剩余时间里将要发展的任务。这一轮组员们就在努力发展这些具有目标性、方向性、挑战性的任务，并且在互动中相互确认、相互鼓励、互为里程碑，然后有一个隔代哀悼的主题出现，激活了小组里关于丧失的恐惧和悲伤，在这种集体性的任务中有一种不同的味道出现，小组内容出现了岔道。组员们表达了自己对于这个岔道的内在体验，带领者也不断澄清小组的分裂与整合之间的张力。

其次来看组员之间的关系。如果有人可以帮你确认自己的改变，这其实是一种镜映性的强化。上半轮中组员们会不厌其烦地互相镜映彼此的变化并确认，像是在彼此变化的路径中奠定了一座座里程碑，也可以起到一种"防复发"的作用，因为一个成员的变化，会激起其他成员连锁的变化；一个成员的确认，会塑造一种小组共同确认的文化。小组拥有了这种水平的凝聚力，请问这种凝聚力水平与之前的凝聚力有何区别，又是如何发展至此的呢？

最后来看小组的潜意识。上半轮中组员之间互相的确认从象征意义上来说是一种彼此的喂养关系，而其中一位组员分享的关于隔代哀悼的仪式内容（墓碑前吃饺子）亦是一种喂养关系，小组在这半轮中不断发展和深化象征性的与家族权威的彼此喂养关系，与同胞间的彼此喂养关系，似乎小组在通过这种方式不断重塑希望，强化普遍性，发展社交技巧和人际学习，同时把原生家庭的矫正性重现升华为原生家族的矫正性重现（这个部分近几轮一直在深化），而小组中被压抑的部分（秘密）可以被理解为传达信息因子受阻。请问，这些治疗因子[1]为何有些部分在发展，而有些部分却失能了？关于治疗因子之间的动力关系，你在聆听和观摩这几轮小组的过程中，有何发现、归纳或分析？

带领者做了一个干预，整理了小组内不同方向的动力并保护了压抑的成员之后，张孤单给了小组里一部分成员反馈，看起来是让他们安心，也让自己安心。

张孤单说完后，蓝妈妈接话。

蓝妈妈：小张，你和姥姥之前是不是有什么未了的心结，不好意思，你知道我最终的目标是了解别人是怎么活的。如果冒犯了你，你可以拒绝回答我。

高热忱：带领者刚才说好奇的力量，我想我就是。当我心里有一部分被阻隔后，我很想了解到底发生了什么。你们说的每一句话都可以帮我更好地了解我自己，所以我想说，小张你别有压力，只要我们还能彼此交流又不忽略自己的内在，大家都会有所进步。

许不知这时看着蓝妈妈说："蓝姨，我也想我姥姥了。"

蓝妈妈：嗯，我听见了。

1　治疗因子共有11个，包括灌输希望、普同性、传达信息、利他主义、原生家庭的矫正性重现、发展社交技巧、行为模仿、人际学习、团体凝聚力、情绪宣泄、存在性因素。

张孤单突然在这个时候发出了一声哀号，然后吼道："我跟你们不一样，我恨姥姥！"

小组突然变得鸦雀无声，所有人都看着张孤单，目光中带了一份笃定的陪伴。

张孤单吼完这一声，浑身颤抖着哭得上气不接下气，在左边就座的韩教育伸出左手上下摩挲了一下右臂，似乎之前右臂的冰冷感有一些变化。她正在通过触摸确认这种变化。

所有人都静静地陪着张孤单，她哭了一会之后说：为什么你们说到姥姥就都是温暖的，可是我想到她时，心里却很恨？

这时张孤单对面的曹人类说："无论你恨谁，其中必有因果，可是我现在感觉你好像不允许自己恨似的。无论你有什么，都说出来吧，我们都支持你。"

大家听到曹人类这样说，纷纷点头表示同意。

张孤单努力环视了一下其他人，她看到了那些关切和坚定的目光，她点点头，继续说："有一年暑假，我和几个表哥在姥姥家玩，那个时候我才八九岁，有一个最大的表哥已经上高中了。有一天午睡时，我睡得迷迷糊糊时感觉有人在摸我，睁开眼睛看见表哥正在颤颤巍巍地伸手摸我的胸。我害怕极了，可是浑身就像涂满了胶水，一点也动不了，我就只能喊姥姥。表哥被吓跑了。过了好一会，姥姥进来问我怎么了，我说表哥摸我，他为什么要摸我？我那个时候对男女之事一点也不了解，只是觉得不对，但是根本不知道哪里不对。姥姥听了我的话先是惊讶了一下，然后跟我说表哥摸我是因为喜欢我，不用害怕。我那个时候那么懵懂无知，根本没有力量分辨这句话是对是错，我又那么信任她，于是我就信了，可是我的身体的感觉是收缩的、僵硬的，胸部感觉又麻又疼，就像有亿万根针扎上去一样。"

韩教育：终于知道为什么我的右臂那么冷了，我的右臂也是这种感觉。

蓝妈妈：小韩你别打断小张，小张你可以继续说下去吗？如果你愿意的话。

张孤单点点头，说："我刚才不知道掉到哪里去了，我都不知道自己在说什么，还好小韩说了句话，我好像又回到这里来了。我刚才说到哪儿了？哦，对，胸口感觉特别不舒服，我真的不知道到底应该相信姥姥的话，还是相信我自己身体的感觉。"

权灵感：我终于知道是什么把你给压垮了，你的亲姥姥说了谎、骗了你，那个表哥不是喜欢你，他是在侵犯你！

权灵感一边说一边攥起了拳头。

权灵感：如果当时我在你身边，我一定会狠狠地揍他，我会抄起菜刀把他的手剁了！

曹人类看了权灵感一眼说："我知道你在学着不让女人受苦，但是以暴制暴不是个好办法。"

高热忱：你们先安静一会，小张，你说完了吗？

张孤单：我没有选择，我当时太小了，什么也不懂，我只能相信姥姥的话，相信表哥是喜欢我才会摸我，可是心里一直有一个声音在说，"这根本不是真的，我被表哥伤害了，他不应该碰我，他凭什么碰我"。

张孤单说到这里，眨眨眼睛看着董英才，似乎期待她能够有一个回应。

董英才问带领者："我能跟小张对话吗？"

带领者回应："在任何时候、任何话题里，成员之间都可以彼此对话，我只是想提醒诸位，目前分享的话题与性有关，与被侵犯有关，这是无比私密、无比需要勇气的话题，小组讨论这些时会产生一些压力，如果你感受到了一些压力，请不要默默承受，要表达出来。"

董英才点点头，对张孤单说："谢谢小张对大家的信任，说了一个这么隐私的话题。我有一点不知道该怎么说的感觉，我好像知道了刚才为什么有的人好像被冻住了，也许你就是在这样矛盾的情绪里被冻了很多年。"

张孤单的眼眶里又流出一股泪水，她咬着嘴唇对董英才点点头。

这时你可以看到许不知太阳穴两边青筋有些暴起，他一字一句地对着张孤单说："虽然你经受了这些，我依然要告诉你，这么多轮的相处，我认为你是一个纯洁的女孩儿，你身上没有一丝肮脏的东西，你和你的琴声一样干净。"

张孤单听到许不知的这段话，眨了眨眼睛，又是一行泪顺着脸颊流下来。

接着许不知对着右边的曹人类，眼神直勾勾地说："曹老师，为什么不能以暴制暴？"

权灵感也使用同样的眼神盯着左边的曹人类说："是的，为什么跟流氓还要讲道理？"

曹人类看看左右两边，说："你们俩这种正义感我能体会，也完全能理解，但是清官难断家务事，那个人是小张的表哥，他们有血缘关系，这个事情实在是不好讲。"

许不知刚要继续说，张孤单看着曹人类说："曹老师说得对，等我长大知道发生了什么之后，就想告诉我大姨，她儿子对我做了什么，可是大姨一直对我很好，我不想让她伤心。我也无数次想告诉我妈妈，可是我爸妈关系那么紧张，我妈每次受了委屈都找我大姨倾诉，我想如果我告诉我妈，她们俩翻了脸，以后我妈受了委屈再去找谁说呢？"

高热忱：于是这么多年你就这样默默忍受下来了是吗？我听了感觉好憋屈。

张孤单：是的，我自己的苦我自己咽。后来跟孩子她爸谈恋爱时，偶尔亲热时他碰我的胸，不知道为什么，我就会本能地胸部发麻、很疼，我就告诉他别碰，把他的手拿开。起初他也没在意，后来结了婚过夫妻生活时他就生气，说我把他当流氓防备，我多少次想告诉他这个事情，又害怕他会嫌弃我，就一直不敢说。久而久之，他也就不怎么碰我了。后来我见过他出轨的那个女的照片，人家很自信地穿着低胸装，我隐约知道，他的出轨跟这个事情也有一些关系。我能说什么呢？

高热忱：小张我好心疼你，你本身受了伤，应该被好好照顾，可是你刚才的话、自我剖析、自我解读，就好像血都没止住还在自己给自己做手术，我终于知道前几轮我的状态了。你别这样了，你跟我们大家说说话吧。

曹人类：我就问，是不是只要是一家人就打断骨头还连着筋。事情没有那么简单，那个表哥不是社会上的小流氓，也是家人，这个事情真的不好办。

许不知近乎咆哮地对曹人类说："我现在就想打断你的骨头，看看还有没有筋连着！你还是人吗？张姐都那么难过了，你还站着说话不腰疼。"

权灵感：我理智上知道曹老师说得对，可就是很生气。

带领者：我可以理解，大家想去惩罚那个伤害组员的人，好像在捍卫一种尊严、侠义和正气，我也可以理解，当我们无力执行惩罚时，小组会制造一个凶手，仿佛有了凶手，伤害就可以被抵消一部分。我想告诉大家，这都是幻想。另外，我们目前遭遇的是身体的一部分因为痛苦而休克，以及无力投入亲密关系的困难，也许大家可以在这个部分释放你们的力量。

曹人类听完带领者的话，说："我又被当成替罪羊了吗？"

董英才：是的。

韩教育：刚才带领者说身体的一部分因为痛苦而休克，我特别有感觉。我刚才右边的胳膊就是因为触碰到了小张内在很深的痛苦而发凉，没有力气，那就是一种休克的感觉。后来小张勇敢地面对并把这段经历表达了出来，我就感觉好了很多，我还揉了揉右臂，感觉更通畅了。不然小张你揉一揉你的前胸，会不会好一点？

张孤单看着韩教育说："谢谢，不过我还没准备好，我想先谢谢刚才小许说我跟我的琴声一样干净，听到这句话我整个身体都放松下来了，感觉好像有一股暖流从头到脚流过，你们也别介意曹老师说的话，他就是说出了我心里的矛盾，我觉得对我也是有帮助的。"

蓝妈妈这时抹了抹眼泪，对张孤单说："小张你都那么辛苦了还在帮小组里的人解围，你真是太善良了。"

带领者：小组结束的时间马上到了，虽然小组呈现了一些很难承受的信息和情感，但大家没有放弃，都在努力连接关系的网络以承接与消化这些困难，这是一个在黑暗中点燃火苗的艰难之举。另外我要提醒大家，我们还没有就身体的完整性与关系的完整性之间的张力进行更为深入的讨论，希望这一周大家可以继续关注自己的梦并就这个部分展开更加深入的思考，咱们下周见。

以上便是第十轮的下半轮。

首先来看小组的内容。下半轮由对过去好客体（姥姥）的缅怀转移到了对坏客体的仇恨，小组上下两节关于关系的体验截然相反，并且针对这个信息的呈现，小组成员各自表达了自己对于恨意的体验与观点，在组员自身近乎自由联想的自我陈述中各自整理了部分及整体的感觉与反馈，小组出现了对性创伤的创伤及修复的选择困难。

其次来看小组成员之间的关系。当有一个创伤经验中的坏客体无法被面对和消化时，小组选择了通过关系外化这个客体，于是替罪羊的机制重新被组员演绎到关系里。与此同时，组员们也通过关系活现了当年的创伤场景——一个无力保护自己的女孩、一个不断歪曲回避现实的照料者、一群迟到的侠客。矫正性的体验与过渡性的空间存在张力，换句话说，人与人之间关系的强度与彼此影响的深度有一个张力，在小组的下半轮，这两个部分在重新角力，试图获得一种新的平衡。

最后来看潜意识。在酝酿分离的主题之前，小组会选择更加困难的关系主题来呈现，例如同胞之间的性侵犯，此类好客体、坏客体边界更加模糊的创伤性体验更加考验小组的融合与分离能力，另外，性话题的苏醒也意味着小组成员发展了对性别身份认同加强整合的需要（身体层面与精神层面的两个性别认同维度渴望整合）。从哲学上来说，获得幸福的方法究竟是找到凶手并绳之以法还是不管不顾地寻找光明，小组在这一维度的人生哲学、关系哲学中挣扎，并努力发展属于自己的生活哲学。

第十一轮

分离像"幽灵"，那么可怕那么美

场地、时间设置依旧，小组开始的时间到了，无人请假、无人迟到，座位图如下。

带领者：欢迎大家回来，无人请假、无人迟到，时间依旧、设置依旧，现在是 7 点半，咱们 9 点结束，可以开始了吗？

所有人点点头，然后带领者补了一句话：我想提醒大家，这次是小组的倒数第二轮。

蓝妈妈向右转头看着张孤单说："小张，你这一周过得好吗？"

张孤单：谢谢蓝姐，我过得还好，也谢谢上一轮大家的关注，我也想问问小韩，你的胳膊怎么样了？

韩教育：上一轮结束之后，我的胳膊还有点隐隐的酸疼，我也仔细想了，为什么小组里别人都没感觉，我的胳膊却感觉那么强烈，这里面一定有东西。但是我现在还想不到。

高热忱：上一轮我的身体也有感觉，就觉得心里像刀绞一样痛，就好像听到最亲密的人出卖自己一样，我回忆起在单位里关系最好的同事在领导面前打的小报告被我知道以后的感觉，类似于被最亲密的朋友出卖。

许不知对高热忱说："高姐，你不能把单位当家，单位不是交朋友的地方，全都是利益关系，你得学会保护自己。"

高热忱回应："我觉得人性都是一样的，在社会角色里感到孤单无助的绝不只有我一个人，为什么不能互相帮助呢？"

曹人类：你们俩的观点之前小组里都出现过，可是现在再说出来，感觉跟之前不一样，之前更像在辩论，现在好像互相扶持，这是怎么变化过来的呢？

董英才笑了一下说："曹老师你没发现吗？小许和高女士说话的口吻和状态好像他们俩对调了一样，好像小许的一部分进到高女士心里去了，高女士的一部分进到小许心里去了。"

曹人类恍然大悟，说："你别说，还真是。"

许不知：我在大家身上学到很多东西，谢谢大家。

高热忱：我想有可能是自己其实也并不了解自己的一部分，和你们互动，你们帮我了解了这个部分，然后咱们彼此交托自身陌生的部分，互相帮助，就真的好像彼此都有了彼此的一个部分一样，其实还是自己的部分被看见了。

许不知：有点绕，其实说的就是镜映。

高热忱笑着说："谢谢你小许，精辟。"

许不知：参加小组以来，我也认真地看了一些心理学的书，我发现自己总是很难表达对别人的需要，其实有可能是因为自己太脆弱了。上一轮我很佩服张姐坦露那么隐私的事情，看起来她在哭泣，她有满心的恐惧和愤恨，可是我觉得她一点也不脆弱。我想，脆弱的定义本身就是反脆弱的。

权灵感：书上关于自恋的定义是非常自恋的。

蓝妈妈：你们好像有点坐而论道了，我怎么有点听不懂了呢？不过刚才小许说自己太脆弱了，我就在想，是不是我儿子在面对学习时感觉到了自己脆弱的一面，所以他才厌学，也许他讨厌的不是上学学习，而是讨厌自己身上的脆弱。

许不知伸出大拇指说："蓝姨精辟。"

蓝妈妈：那小许你愿意分享一下吗，如何面对自己的脆弱？

许不知：我觉得自己还不够，张姐做得比我好。

权灵感：我也想讨论如何面对，上一轮我想帮助张姐，我想通过自己的努力不让女人痛苦，我想让女人快乐幸福，可是小组结束之后我反复问自己，我是否有能力面对一个女人的幸福呢？

董英才：我不知道自己理解得对不对，小权你看上一轮小张说她的痛苦，你也替她打抱不平，你已经做出了努力，我想小张比上一轮要感觉好一些了，解脱一些了，那你不如问问她，她感觉怎么样，看看你如何面对她，也不枉你这一番努力。

蓝妈妈：小董你这番话让我感觉很温暖，你没有再挑起任何竞争，而是撮合了很多东西，我要向你学习。

董英才含羞地笑笑，没再说话。

此时权灵感看着张孤单，说："张姐，你觉得呢？"

张孤单：大家能分享一些自己的东西，我就觉得没有耽误大家的成长，心里感觉压力小了一点。这一周我做了个梦，不知道可以说吗？

所有人听到这句话，脸上表现出极浓厚的兴趣，可仍然一起看向带领者，仿佛渴望得到某种授权。

带领者：在倒数第二轮出现一个梦是非常考验小组的，我也不清楚小组是否可以在这个节点仍然对梦开展工作，不过我愿意和大家一起冒险、一起尝试，一切由大家决定。

听完带领者的这段话，韩教育首先说：张女士，你说吧，我也想知道我的胳膊里面到底有什么样的潜意识。

曹人类：别着急，我先说，我要对上一轮的许不知说，你上一轮说的话冒犯到我了，你说要打断我的骨头，你还记得吗？

许不知：是的，上一轮我听到张姐的事情，有点义愤填膺了，然后有点借你撒气，我向你道歉，对不起曹老师，我不该那么说。

曹人类：我想告诉你，小许，你的出发点是好的，我很尊重，可是你的言辞是我不能接受的，我希望你以后不要这样对我，你别看我一介书生，但我也是很有力量的，你必须尊重我，在任何时候。

许不知：曹老师真的对不起，我没有要冒犯你的意思，我当时太冲动了，我总是把问题归结到别人身上。

董英才：男人之间，那种直接和坦率，真的令我们女人羡慕。

高热忱：我同意董女士的说法，男人之间的感情是很纯粹的，这可能也从一个侧面说明了为什么好多女人要用女汉子的样子跟男人发展关系了，简单直接，可是却失去了那种美感。瞧，我又跑题了，我是想说，曹老师你终于可以摆脱替罪羊这个角色了，你捍卫了自己的领地。

带领者：我记得刚才有成员要分享梦，好像也有一个精神领地在等候着大家。

权灵感：嗯，张女士，你可以说你的梦了。

大家用一种期待的眼神看向张孤单。

张孤单：谢谢小权，也谢谢大家，我就是怕占用小组太多的时间，但我也觉得这个梦跟上一轮大家的反馈有关，所以才鼓起勇气说出来。上周团体治疗结束以后，头两天我是有点低沉的，做什么事情都提不起兴趣，第三天晚上我做了一个梦。在梦里，我回到了当年姥姥的家里，我坐在屋里的一个角落，姥姥出现在我的面前，她穿着当年那身衣服，站在离我不近不远的地方，左手拎着我的试题册，右手半掩着面在默默看着我流泪。我在梦里好像也哭了，一边哭一边说，姥姥你为什么要那样说，你不希望你的外孙女保护好自己，有个幸福的婚姻吗？姥姥看着我摇摇头，嘴角颤动着，身体微微颤抖一直没说话。不知道过了多久，姥姥慢慢地把我的习题册放在一边，慢慢地转过身，就在转身之前她眼神特别深邃地看了我一眼，然后留下一个背影就在梦里消失了，我好想留住她、跟她说话，可是我动不了，就这样眼睁睁看着她消失在我面前。

张孤单一边说一边流泪，其他人眼泪汪汪地看着她，边听边陷入凝思。

小组沉默了一会，张孤单抹了一把眼泪，说："上一轮我记得大家听我说的那个事情后，给了我好多支持，还有人帮我生气，这些东西都给了我力量，然后我就做了这样一个梦，要去面对我过去不敢面对的东西。"

高热忱这时问带领者："请问带领者，我们还要将这个梦当成自己的梦来理解体会吗？"

带领者：当然可以，如果大家愿意，你们也可以投入梦中不同的元素去体会，或者延伸这个梦，重写这个梦——如果我们得到了梦主的授权的话。

高热忱转过头看着张孤单问："那我们可以重写你的梦吗？"

张孤单：这个梦与大家有关，我觉得可以。

高热忱点点头。

许不知：我刚开始听这个梦，心里盼着张姐的姥姥能在梦里给她道个歉，就好像我这几轮在练习道歉一样，平心而论，我身边的人都是不会真诚道歉的人，我不想继续待在这个怪圈里，我好想到这个梦里去，告诉姥姥，你能道个歉吗？道歉不妨碍我对你的尊重。

张孤单听到这里，泪流如注。

韩教育：我想到梦里的张姐应该表达对姥姥的气愤，把当年压抑的东西表达出来，我想我的胳膊也许是想打谁，但被这个力量吓得瘫软了，于是有了那种感觉，就像我要进入婚姻却退缩了，就像压抑太多、太久的害怕会导致一些能力瘫痪一样。

董英才：梦里的姥姥拿着习题册，好像是来帮助小张学习一样，我感觉这就像对她的一种关爱、一种鞭策。

权灵感：我也对那本习题册有感觉，好像梦里的姥姥要帮助张姐学习，又好像要送她去上学，在整理书包。

曹人类：说起来也怪，我虽然是个老师，但是我经常做自己考试的梦。

带领者：我很好奇，大家从对梦里的人的体会慢慢转移到了对习题册的感觉，还有人联想到了考试主题的梦，我在想，人们在梦里那么努力地要去面对考试、要取得好成绩，人在追求什么呢？

蓝妈妈：我经常梦见孩子参加考试忘了带准考证，或者忘了带橡皮。

许不知：我最讨厌考试，那不能考查一个人的整体，都把知识"大卸八块"了，考的都是应试技巧。

曹人类：有点这个意思，你不考试，就没有继续接受高等教育的机会，没有这个资格，嗯，对！追求的是一种资格感。

权灵感：也可能是一种优越感。

张孤单：我想到姥姥家是重男轻女的，也许梦里姥姥拿我的习题册就是要把我的一些资格感还给我，谢谢曹老师，你又帮到了我。

蓝妈妈：资格感……资格感，我想到了我作为妈妈的资格感、我的孩子作为学生的资格感。

韩教育：谢谢你们的对话，我学到好多。不过我还是好奇，梦里的姥姥为什么不道歉呢？她在哭泣啊，她在伤心，如果她能说话，哪怕只有一句，我想张姐和姥姥都能在梦里得到和解、得到解脱。

高热忱：我觉得小韩说得对，我心里也是这么想的。梦到伤害过自己的人，虽然不舒服，好像过去那种受伤的感觉又回来了，可这也是充满希望的，因为可以真正和解，真正放下。小张，你觉得呢？

张孤单：我不知道，我其实心里没有那么想让姥姥道歉，我没有反应过来。我只是想跟她说说话，可是我的身体动不了。我想摸摸她的手，摸摸她的脸。

带领者：我想整理一下小组从开始到现在发生的事情。这次小组一开始时成员们彼此之间都有很多对于关系的确认，比如我们有一些相互的感恩，有一些一周之间的思念和留恋，当时小组有三个任务，一个是继续通过关系进行内在的探索，一个是继续展开上一周未竟的话题，还有一个梦的空间在等着大家进入。虽然看起来小组在有条不紊地进行，可这些不同的任务都期待得到大家的关注从而进一步发展。小组还是有一些拥挤的，这也许意味着小组快要结束了，这里有一些关于分离的议题在发酵。梦里有一个与姥姥的告别还没有人提到。

小组成员非常认真地听完了带领者的话，张孤单说："梦里姥姥没有跟我说再见，眼睛里含着好多东西，就那么离开了。"

以上是第十一轮的上半轮。

首先来看小组的内容。在倒数第二轮的上半轮，小组意识到彼此的关系在这个空间里越来越被设置局限（轮数有限），成员之间互相发展了很多的感恩（预备分离），发展了更深的镜映（互相交予对彼此的深度理解），发展了一些梦的共鸣（关于考试主题的梦），组员们继续努力地在关系中不断挖掘广度和深度，挑战着以往亲密关系的局限性，突破自我的关系历史。

其次来看小组成员之间的关系。组员在进入梦的空间，互相扮演着梦里的不同客体的内在声音。组员们在彼此的关系里活现彼此历史中的不同客体的表现与内涵，互相陪伴整合。一个梦激活了关系里更加深入的外化与内化的进程，使彼此的吐纳更加顺畅，与此同时，组员们也在更具张力地一呼百应，在不同的主题里发展了更强的凝聚力，同时又不失其灵活性，在投入他人的内心世界、关系世界的同时，又及时回到自身，而不是不单纯地被动卷入，这确保了体验性与反思性的整合性发展。

最后来看小组的潜意识。一个人刚出生时，几小时就需要进食一次，是有结构的、有规律的；一个人衰老，在生命的尽头，可能每天都需要注射药物，几小时注射一次，也是有结构的、有规律的。人在生死的边缘往往都需要结构来支撑身体。心灵脆弱时，需要结构来抚平人身体的、心灵的混乱。小组也是如此，小组刚启动时，会发展很多混乱的动力来呼唤结构、设置、边界，那么到小组将要结束时，小组也会发展很多混乱的动力来呼唤结构、梳理与提炼，这是人类的潜意识带来的呈现与需要。请思考，带领者此时梳理小组不同主线的目标是什么？又存在什么样的风险？

小组沉默了一会。蓝妈妈问张孤单："小张，梦里姥姥没有跟你告别，有点犹豫地走了，你是什么感觉？"

张孤单：梦里她转身的那一瞬间，我心里什么恨都没有了。我想起她之前做饭洗衣时说的做女人的种种不容易，我好像明白了她当初为什么会那样对我说，她好像把女人面对恐惧的那种憋屈给了我，我也真的继承了，并将之延续到了我的婚姻里。可这些重要吗？我好想再吃她做的酱油蒸饭，好想再穿她给我做的棉背心，我舍不得她走。

蓝妈妈探出半个身子，望着右边的张孤单说："小张我知道这种感觉，我知道。"

带领者：不知道其他人心里是否也有这样的一个人或者一段关系——还没来得及好好告别，还有很多未竟的表达，也许我们可以在此时此地讲出来。

小组里有几个人在低着头流泪，也有几个人在仰着头流泪，伴随着深深浅浅的呼吸声。

权灵感：我很想对爸爸说，你走了这么多年，我没有给你丢脸，我努力学习，用心照顾妈妈，不知道爸爸你觉得我做得好吗？你能给儿子托个梦吗？哪怕只说一句话。

许不知：权哥，我好羡慕你跟父亲的感情。此刻我心里觉得特别对不起初恋女友，我说的不是那个萝莉，是我第一任女朋友。高中时我喜欢打架，对女的不感兴趣，到了大学好像有点心思了，懵懵懂懂地交了一个女朋友。她笑起来眼睛弯弯的，睫毛很长，她有一个酒窝，我那个时候大大咧咧的，整天跟一帮同学打篮球玩游戏，她都陪着我，给我拿毛巾擦汗，那么热的天，在篮球场给我当一个人的啦啦队，后来我不知道哪根弦儿搭错了，嫌她太黏人，就吼她。其实我是受不了那么亲近，我受不了一个人无条件地对我好，我害白。张姐说的那个梦我认为才是现实，如果梦里的姥姥真的她道歉了，我倒觉得那不是梦了，像是人为制造的东西。来她很伤心，经常给我买礼物、请我吃饭，还旁敲侧击地到底怎么了？我怎么会说呢？我装傻、冷暴力，再后来我写了一封长长的信，到现在我还留着那封信，上面写

着对我的喜欢、对我的思念、对我的无奈。我能说什么呢？造化弄人吧。毕业后她去了其他城市，我们再也没见过面，同学聚会我也没什么兴趣，听说她倒是每次都参加，听说想见我一面，但我不敢见她。其实我心里很清楚，当年不管谁是我女朋友，都会以悲剧结束，心里不清楚的是为何是她。她那么纯真，真不应该经受这一切。我挺对不起她的，她是我青春期的牺牲品。刚才带领者问是否有一个人没来得及好好告别，我就想说，我要跟这个女孩告别，也算是告别我的青春期。

蓝妈妈边听边落泪，说："小许，如果你还能见到她，你会对她说什么呢？"

其他人听了蓝妈妈的话，表情都略显惊讶。

许不知伸出右手捂在眼睛上，像一个口罩盖在眼眶上，指缝中有泪水涌出。

所有人都在沉默。

带领者：这不是第一次发生了，小组里好像多了一些其他人，通过我们的语言浮现在这里。我们会谈一些永不能回归的过去或再也见不到的人，这些信息之前帮助这个小组变得更有勇气、更有力量，这一刻我想说，不知道接下来会发生什么，一切都是真实的，属于这个小组的每一刻历史都是真实的，我们有幸见证了这一切。

曹人类听完带领者的话，说："小许说的这一段，把我青春的记忆唤醒了。我好羡慕他，在青春期有人陪伴他。我的那段记忆是苍白的，每天就知道在图书馆看书，当时笃定书中自有黄金屋、颜如玉，其他的一概不闻不问。如果说一个未竟表达的人，我想大概是我的爷爷。我想对他说，这么多年我这么努力地教书育人，想要洞察这个社会运作的机理，很大程度上是想给他老人家一个交代，我想告慰他的在天之灵，他当年保家卫国，给这个家族留下了一颗种子，这是千金不换的，谁也夺不走，会一代一代地传下去。"

董英才侧头问曹人类："曹老师，那你的青春期就是在乌云中度过的吗？"

曹人类：是啊，好遗憾。

韩教育：刚才听小许提到人造的道歉，我想了好多，什么才是情到深处、真心诚意的道歉？

高热忱：刚才蓝姐问小许的话，小许还没回答，我也挺好奇的。

张孤单：我也好奇，可是我担心会给小许压力。

权灵感：小许，你会有压力吗？

许不知擦了擦眼泪，眨眨眼睛，说："我不敢面对她水汪汪的眼睛，还有那么干净的眼神，我觉得自己很坏，我知道你们不想逼我，可是我想逼自己一回，我想把当年的责任担起来，不想就那么莫名其妙地结束了和她的关系，留在心里的愧疚总是在感到孤独的时候萦绕。"

张孤单：你可以联系她，把当年的心里话说出来。

蓝妈妈：不是的，小张。小许面对的不是现实中的前女友，而是他心里的，他青春期的那个前女友，跟现实无关。

韩教育：蓝姐理解得真深刻。

张孤单：是的，蓝姐这样一说，我就明白了，我需要面对的也是我心里回忆中的那个姥姥。

许不知：我想对她说，谢谢她给我那样的耐心和爱意，虽然我没有接住那份感情，可是那份感情使我看到了自己在别人心里可以如此重要，是没有被控制和被要求的、真实的重要，这份情我会永远记得。我会在心里永远祝福那个女孩，永远祝福。

董英才：小许你好浪漫，人的柔情只会在离别时出现吗？就好像我父亲去世之后，妈妈才会偶尔念他临走前的好，我感觉好悲哀。

董英才顿了一下，继续说：刚才小权说想知道父亲会不会肯定自己、认同自己，我有着深深的共鸣，家人之间其实更难彼此肯定。我反思了一下自己，我好像没有特别想去告别的人，好像来来往往皆是路人，我也感觉很悲哀。我其实很羡慕你们现在体验的疼痛，我羡慕你们心里有人、有关系，哪怕有一些断裂，有一丝苦涩，也比我强。

曹人类：董女士，我不知道能不能帮到你，我觉得你是一个非常靠得住的人，很稳定，很有智慧。这个世界和社会不断前进其实就是靠你们这样的人，中流砥柱。你有自己的价值，这些价值未必要通过关系体现出来，理直气壮也好，"理直气柔"也罢，你就是你。

董英才听着曹人类的话，眼眶湿润，说："原来突然被男人真诚地肯定是这样的感觉。"

带领者：这并不是竞争，并不是比谁在体验告别中具有更丰富的情感或更有情怀，每个人都可以有自己告别的方式，请保持每一个人在这份体验中的独立性，你们之间没有可比性，每一句话及其背后的意义都值得被聆听与尊重。

蓝妈妈：带领者说这些话之前，我好像只能记住你们一个人的告白，现在我觉得你们每个人说的话都是彼此独立的，可以安稳地放在心里不同的角落，我想谢谢带领者的这段话。我也想到了我要告别的人，就是过去时光中的我的儿子。我还像养小孩子那样养我现在的儿子是不妥的，是有些错位的。我想对过去的儿子说，妈妈做得不够好，可是妈妈努力了，妈妈想和你一起长大。我有一个很笨拙的想法，希望儿子能包容我。

刚好坐在蓝妈妈对面的权灵感和许不知满眼深情地看着蓝妈妈，不断眨眼睛，好像眼里进了沙子，又仿佛在把自己叫醒。

韩教育：蓝姐，我在心里给你点赞。我听到了真心诚意的道歉，没有人因此变得虚弱或疏远，倒是感觉更亲切、更有人情味了。就在这一刻，我看着这里的每一位。

韩教育一边说一边定睛看了看小组里的每一位成员，包括带领者。

韩教育：虽然小组快结束了，可是我确定把你们每一个人都放在心里了，虽然我还是会害怕小组结束，可是一想到你们在我的心里，我就没有那么害怕了。

蓝妈妈点着头，她伸出微微颤抖的右手，握住了韩教育的左手，这时对面的权灵感有一丝惊讶划过脸庞，接着看向带领者。

带领者马上说："蓝女士，你可以把手放回来吗？小组的设置是组员之间不进行肢体接触，也许你可以把想要肢体接触的愿望和目标变成语言讲出来。"

蓝妈妈一惊，意识到自己的肢体动作，马上把手缩了回来，并喃喃地说："对不起，我忘了这个设置。"

董英才跟其他人一样看到了这一幕的发生，说："蓝姐你怎么了？"

蓝妈妈：我突然觉得自己好孤独。

张孤单：我们不是一无所有，我们还有痛苦，还有问题，还有纠结，可是如果没有痛苦、没有纠结、没有问题，就真的一无所有了。我可以体会蓝姐的孤独，我刚才想到，如果当年姥姥没有那样忽略我的感受，我是否还能记得她那么久，是否还能一直把她记在心里。刚才听了你们跟不同的人告别，我就好羡慕，你们真勇敢，真的敢去面对，你们不怕一无所有的感觉吗？

小组陷入了沉默，似乎每一个人都在思考张孤单的诘问。

过了一会许不知说："我其实感觉自己一直都一无所有，我觉得自己在这世上不属于任何一段关系，或者说，我不想归属于任何一段关系。可是刚才有些夸张地与心里的第一任女朋友说了心里话之后，反而觉得心里满满的，心里的一个人成为过去，似乎有很多东西解脱了，释然了。张姐，你也可以试试去面对你回忆里的姥姥，看看会发生什么。无论你有什么感觉，大家都在你身边。"

张孤单听完，含着泪点头，说："谢谢小许，你的分享对我非常重要。"

带领者：让过去成为过去，非常难，没有那么容易，让自己成为自己，非常难。我在刚才小组进行的过程中反复体验了这一点，还是要感谢大家的努力，使彼此在这里的每一分钟都既沉重又充满希望。我想如果我们还是这些人，原班人马，再来12轮，所发生的事情跟现在的12轮会截然不同。从这个意义上来说，这是我们每一个人此生独一无二的12轮，无可替代，无法重复。下一周就是最后一次，不知道会发生什么？我满怀期待，下周见，组员们。

带领者环视了一下组员，起身离开了小组。

以上是第十一轮的下半轮。

首先来看小组的内容。组员的分离体现在两个层面，一个是有血缘关系的分离，一个是无血缘关系的分离。分别代表和象征了组员与内部世界和外部世界的融合与分离，也代表家庭角色与社会角色的边界再次调整的过程。小组还谈到了告别、哀悼与丧失之间混合动力的问题，反思这三个焦点之间的边界，并尝试厘清内在动力流动的过程。在小组的倒数第二轮，组员在边界融合与分离方面做了大量的工作，组员们留下了什么？又放下了什么？

　　其次来看组员之间的关系。在这一轮中，组员既彼此见证了个体与内在重要客体分离与关系重塑的过程，又在勾兑彼此继续需要的感觉，即个体在使用小组的关注进行内在梳理时，组员之间的关系会被消耗，而组员之间发展关系时，个体又会失去一部分对内在梳理的秩序感，小组成员们在努力地维持这之间的平衡，文学一点的说法就是"过去人心满怀，且珍惜眼前人"。

　　最后来看小组的潜意识。小组在这一轮中努力地突破内部压抑的关于丧失的恐惧，并积极将之转化为有能力哀悼的告别。这意味着在自性化的层面，关系不由死亡和结束来控制，而是由自体来把握，能面对关系结束（死亡）所带来的个体僵化并防止被小组的动力穿透。与此同时，防御马不停蹄地追了上来，并以象征性的对"一无所有"的恐惧的形式呈现。小组在"死亡"的边缘，努力选择究竟对抑郁忠诚还是对自我忠诚，并尝试对选择承担责任但并不抑郁（进入"假死"状态）。带领者最后加强了小组的分离焦虑，针对带领者的最后一个干预，请谈一下，这样做的利弊是什么？

第十二轮

各显其能，满载而归

场地、时间设置依旧，小组开始的时间到了，无人请假、无人迟到，座位图如下。

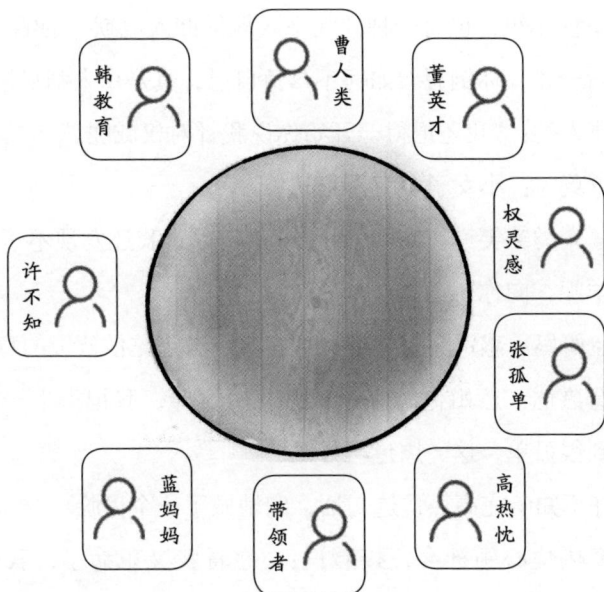

带领者：欢迎大家回来，无人请假、无人迟到，时间依旧、设置依旧，现在是 7 点半，咱们 9 点结束，可以开始了吗？

所有人点点头，然后带领者补了一句话：这是小组的第十二轮，最后一轮。

曹人类：上一轮带领者说这是我们此生独一无二的 12 轮，不可替代、无法重复，我就有一点紧张，想着这一轮要说点什么才能不辜负这 12 轮的自己。

许不知：曹老师我跟你一样，也有点紧张，可是也有不一样的地方，我想的是如何不辜负和大家的关系。

董英才：曹老师我记得小组刚开始时，你总是站在一定高度审视小组，也有一种"我不入地狱谁入地狱"的牺牲感，到最后一轮，你倒想着如何不辜负自己，真是令人刮目相看。

曹人类："我还记得一开始你说我针对权威呢。"

董英才：小女子多有冒犯。

曹人类笑笑说："要不是你的这句话，我还发现不了我是替罪羊呢，向你表达最诚挚的谢意。"

蓝妈妈：感觉大家好像非常客气，有点吃散伙饭的意思。

高热忱：蓝姐你越来越敏锐了，真棒，我记得上一轮你说感到很孤单，这一周过得好吗？

许不知听完高热忱这句话，向她做了一个鬼脸。

高热忱心领神会，接着说："你看我又犯病了，我是想问，这一周你过得得劲吗？"

大家会心地笑了笑。

蓝妈妈：谢谢小高，上轮结束之后我带着一种孤单的感觉回去之后想了好久，想到和儿子一场母子情，想到自己的婚姻和事业，想到自己活到现在的一些遗憾，就觉得再也不能这样活下去了。

权灵感：那你是要换个活法吗？

蓝妈妈：嗯。

权灵感：那我能为你做点什么呢？

蓝妈妈：我想发展自己的业余爱好，你有什么建议吗？

权灵感挠挠头，陷入冥思苦想。

权灵感左边的张孤单古灵精怪地摇着头说："蓝姐，你想不想学弹钢琴？"

蓝妈妈像是被张孤单从茫然中拉了一把，脸上绽开了灵动的笑容，说："瞧我，怎么忘了小组里还有一个音乐才女呢！可是，小张，我还挂念着你和姥姥的关系呢，上一轮结束之后，你有什么新的念头吗？我特别想知道。"

张孤单稍微沉了一下，说："上一轮小许跟我分享了他跟前女友的感情和分别之路，这对我触动很大，我回去之后一个人默默地坐在钢琴前沉思了好久，什么也想不到，什么也说不出来，后来索性弹了首曲子，脑海中就浮现当年爸爸妈妈吵架的场景，可奇怪的是，脑海中的场景被勾起来之后，

· 231 ·

我心里的感觉不是痛苦和恐惧，而是一种心酸和无奈，画面中的人物动作都慢了好几拍，我感觉他们想彼此靠近却很无力，那些暴力和冲突都变了颜色，变成了孤独和悲伤。我慢慢地想到，姥姥成了我心里所有伤害过我的人的代言人，我也不知道自己有没有说清楚，总之一句话，以后我的痛苦我说了算。"

韩教育：小张说得真好，自己的痛苦自己说了算，我命由我不由天！以后谁也没有权力、没有能力抛弃我了。

带领者：我感觉到一丝变革的味道，好像要打破一个"旧世界"建立一个"新世界"的豪情。与此同时，我也想说，我们活在现在并不是过去，可是过去也是生命的一部分，希望我们与过去的自己的边界不是由炸药构成的。

董英才：带领者说的这个炸药还真有点那个意思。刚才小韩说"我命由我不由天"时，给人的感觉好像就是要拉响炸药包了。

韩教育：力道不同，领会精神嘛。

董英才：我调侃呢。另外我想问问带领者，你能分享一下吗？你自己觉得你带的这十二轮团体治疗，效果怎么样？

带领者：我可以回应吗？

大家会心地看了董英才一眼，对带领者点点头。

带领者：我认为大家是有变化的，这个变化中有时间的力量，毕竟我们一周见一次面，已经有三个月了；也有我作为带领者这个角色的力量，我的工作被大家吸收了；更有大家一起努力凝聚创造的力量，我认为这三者缺一不可。至于我个人的部分起到了多大的效果，恐怕现在还很难定夺。

董英才：谢谢带领者，我喜欢你的这个表达，你没有夸大和缩小任何东西，而是将一切老老实实地反馈出来。另外，坦率地说，我需要一个可以肯定自己的人来肯定我，你可以帮我吗？

许不知听完，顺势说："我的需要跟董姐一样。"

韩教育笑笑说："我也是。"

蓝妈妈眨眨眼睛，也跟其他人一起看向带领者。

带领者：此刻我感觉仿佛大家就要远行，渴望在我这里得到一些东西，好将这些东西装在未来人生旅途的行囊中，可以随时拿出来回味。我很珍视这样的需要，同时我也在想是否可以邀请组员们彼此打点行囊，互相反馈，我会随时填补，这样也许会更加丰富。

董英才：好，咱们一言为定，我想请求大家，你们能给我一点反馈吗？

许不知：董姐，之前你是穆桂英，现在你是穿旗袍的穆桂英。

大家都笑起来，蓝妈妈看看许不知说：真没正形。

蓝妈妈继续说："小董，你的执行力很强，想发展女人味，你看这几轮你的变化，真给力。"

韩教育：在我心里，董姐集智慧与力量于一身！

曹人类：董女士外面是钢铁侠，里面是蓝妹妹。

董英才掩着面笑起来，指缝中透出了许多羞涩。

权灵感：董姐是可以决定自己命运的人。

张孤单：董姐哪儿哪儿都好，我就是喜欢。

许不知插话说："张姐太假了啊，这成了哄人了。"

张孤单：我乐意，我就是要学着把关系里的温度搞得高高的。

董英才娇媚地说："好好好，都依了张妹妹。"

高热忱：董女士，有机会来我们社区讲课吧。

大家都笑了起来，董英才回应高热忱说："又让我加班。"

高热忱：这叫冷幽默，哈哈。

这时带领者说："我欣赏董女士身上的一种力量与灵活不断勾兑的坚韧。"

董英才听到这句话，眼里含着泪说："我原以为带领者不会理解我，现在看来，是我错了，我有时太高估自己了，就像我妈妈总要在我爸爸面前展现那种优越感，我怕平凡，我怕寂寂无闻。之前我靠优越感活着，你们对我的反馈让我觉得，我没有必要再那样硬撑了。谢谢大家，也谢谢带领者。"

大家的脸微微涨红，小组沉默了一小会，这时许不知说："此刻我真不知道自己是在梦里还是在现实中，有一种'度尽劫波兄弟在，相逢一笑泯恩仇'的错觉，我有点喘不上气来。"

权灵感听完一愣，马上问许不知："小许，你怎么了，怎么突然会有这样的感觉？"

许不知：我也不知道，就是觉得有点像在一部话剧里，最后要大团圆结局。

高热忱：小许，大团圆结局不好吗？

许不知：没说不好，就是觉得不真实。

小组在刚才的兴奋和喜悦中突然像被泼了一盆冷水，温度骤然下降。

张孤单：小许，我感觉你好像有点害怕，好像大团圆结局的温度有点高，你受不了，是吗？

许不知：我感觉很陌生，心里有一股劲，像是要冲出来似的。

蓝妈妈关切地说："那你就让它冲出来，看看到底会怎么样，我们都在这里陪着你。"

许不知满眼含泪地说："带领者，你以后还开小组吗？我们能不能再来 12 轮，就我们这些人，我不想和大家分开。"

带领者：我可以回应吗？

大家迅速点点头。

带领者：小许的话也激起了我的一些感觉，我在想，过一会小组结束的时间到了，我们都离开了这个房间，也许我会再回到这个房间里，坐在这里的其中一个座位，看着这一圈的空椅子，脑海中会想到你们每一个人生动的表情，或艰难或挣扎的言说，你们流着泪看着彼此的眼神，你们低着头的那些垂泪，内在的撕心裂肺，脑海中的万马奔腾，我们之间的对话与碰撞，与最痛苦的回忆和那些最爱最恨的人的告别，历历在目，历历于心，永远地存在于这个小集体的回忆中，永远也抹不去。我非常确定，我会思念你们，可是我不确定，我们是否还能相遇。

许不知听着带领者的话，眼里不断涌出泪花，小组里的其他人此刻跟许不知一样，大家不断深呼吸，似乎每一个人内心深处都有一些呼之欲出的东西在涌动、翻滚。

过了好一会儿，许不知说："如果刚才这里是一个舞台，我很想撕裂这里的幕布，砸烂这个舞台，好像我要代表无情的生活展露人性的狰狞，可是，当大家默默地陪伴着我，又听到带领者的话，这股劲就变成一股暖流，我不太清楚这中间发生了什么。"

曹人类：我觉得好遗憾，好像我刚刚感觉到带领者的魅力，我也在想他怎么一开始不展现这种深情，难道带领者跟分离、跟象征性的死亡是亲戚吗？

高热忱流着泪的脸庞有一些苦笑，边抹眼泪边说："我会想你们的，每一个人我都会想的，这是真的，真的。"

韩教育：前几轮我好怕结束，不断说把你们每一个人都放在了心里，可是真到了这最后一轮，我反倒平静了。我心里真高兴，我好像再也不怕被谁抛弃了。刚才带领者的话让我觉得他是把咱们放在了心里面，这世上有一些东西是分离带不走、扯不断的。

董英才：嗯，我们来到这里付出了金钱和时间，却得到了一些金钱永远也买不到的东西，咱们的勇气和冒险是最关键的。

权灵感：我都能感觉到旁边董姐的身体在微微发热，之前从来没有过。刚才小许的那番表达对我很重要，我看到了一个男人内心海水与火焰的交织，这种交织和碰撞本来很有可能会被冷却成化石沉入海底。可后来带领者的话和大家的陪伴，让这种交织变成了一块新大陆，充满了希望和生机。我不想太夸张，可是这种感觉真的很奇妙，人性啊人性，你不只有狰狞，还有美。

蓝妈妈：我一直觉得小许为小组承担了很多，刚才听了他的表达，我真的为他高兴，他成了他自己，我找到了一种帮助男孩成为男子汉的方向，感谢大家，也感谢带领者。

许不知：大家别说我了，就快结束了，我不想再占用大家的时间了，都有点不好意思了。

曹人类看看许不知说："铁子，没关系，你就可劲儿造，时间管够。"

许不知咧着嘴笑起来，眼泪滴落，许不知的眼中泛着光。

以上便是第十二轮的上半轮。

首先来看小组的内容。小组花了一些时间消化上一轮未竟的讨论和彼此的关心，然后成员再次确认了彼此的变化里程碑与欣赏，并继续学习如何使用权威为自己服务，继续培养自己与权威互动的平等感。带领者首先做了一个会逐个反馈的承诺，然后表达了作为带领者这个角色的分离体验，并尝试帮助小组管理调整了分离时的节奏感、温度感和张力，和组员一起创造了一种关于分离主题中的融合与嵌入的体验。

其次来看小组成员之间的关系。组员在最后一轮的上半轮，仍然在彼此努力相互靠近，并且彼此有一些微微的竞争，看谁更能使带领者为自己单独服务，似乎在分离的主题中依然要修补那份自己作为独一无二的人的自恋幻想。与此同时，性别认同的议题也在继续发展，女性更加认同柔软与温婉，男性更加认同智慧与承载，在主流文化中发展其角色感又不失其独特性，组员试图不断探索新的平衡点。组员之间另一个维度的竞争是彼此都在努力为小组赋予意义，似乎在竞争一种对小组核心把握的深刻度，竞争着自己要为最后的分离承担更多的焦虑，这是一种赢家要承担更多的利他性竞争，却又没有达到牺牲的程度，这种分寸感的把握也在这个维度的竞争中不断被练习。

最后来看小组的潜意识。小组在结束前夕由两种彼此竞争的力量主导，一种力量是大团圆结局的力量，圆满、毫无遗憾，每一个人都满意、满载而归；另一种力量是悲剧结局的力量，遗憾、孤独交替发生，似乎小组辜负了自己，彼此冲突着结束或寒冷地结束，彼此就不需要太过想念。前者是在防御真实，是对分离的恐惧；后者在防御亲密与融合，是对思念的无力。在上半轮中，小组有不同的成员分别活现了这两股动力。请回答，谁在什么时候的哪些表达呈现了以上两股动力？带领者又做了什么去尝试整合这两股动力？

许不知感觉自己占用小组太多时间，有些羞愧并表达了出来，曹人类用一句调侃尝试劝慰他。

带领者：小许身上有一种炙热滚烫的东西被一大块黑布包裹着，在刚才的过程中，这块黑布不见了，炙热反而变成了温暖。

大家频频点头，带着鼓励的眼神看着许不知。

带领者：小组还有 40 分钟左右，如果大家愿意，我想先来分享对大家的感觉，可以吗？

所有人点点头。

带领者：蓝女士刚才说要发展自己的兴趣爱好，我想也许是她可以充满活力地面对自己的衰老了，也就不再担心孩子有一天会长大、离开自己；韩女士虽然有时会说害怕被别人抛弃，可我发现她是这个小组里不断焊接大家彼此关系方面劳动量最大的那个人；曹老师刚才说我这个角色此刻离死亡很近，我体会到你也许在邀请我保护大家不受分离和死亡的伤害，你越来越愿意求助了；小权这一轮在关心这里的男性和女性方面的力度相同，这还是第一次，好像在你心里男人的快乐和女人的快乐同样重要了，这很重要；张女士之前用音乐来回避痛苦，这一轮你说到你可以用音乐来消化和超越痛苦了，这是一个里程碑；高女士没有之前那么像一个脸谱化的心理咨询师了，反而让大家感觉亲近和有力量了许多，这个过程不简单。好了，谢谢你们听我唠叨，也许我也在消化自己的分离焦虑。

曹人类眯着眼睛笑着对带领者说："你有越多的分离焦虑越好，我们就能得到更多的反馈，大伙说是吧，哈哈。"

这句话出来，小组立刻沸腾了，大家都拍手，许不知甚至吹了一声口哨。

蓝妈妈阴阳怪气地说："带领者不过如此，也会焦虑嘛，不过如此、不过如此。"

大家又笑起来，可是眼里却含着泪花。

小组在这个氛围中沉浸了一会儿，大家都低着头，若有所思。

高热忱首先抬起头说："我们在一起哭过、笑过、吵过架也红过脸，也彼此尴尬过，一起恨过，一起沉默过，好像在最后一轮的前面40多分钟里亲密度好高，我觉得此刻有点尴尬。"

许不知一脸认真地说："咱们之间是一种没有血缘关系、没有肉体关系、没有利益关系的亲密关系，很特殊，可是会不会也无法逃脱一种规律——亲密关系不是死在高潮，而是死于平淡呢？"

张孤单：这个问题真好，我们前面亲密度那么高，现在渐渐变淡了，这种亲密和互相依赖会不会随风而逝？

韩教育：是一种什么样的妖风，会吹散这一切？

董英才：其实每次参加小组，你们别看我袒露自己相对很少，可是每次回去我都要回味反思很久很久，我有时觉得到这里来跟大家交流就像喝高度白酒，后劲很大，我的很大一部分成长都在这个后劲儿里了。这种劲儿是什么妖风都刮不走的。

曹人类听到董英才的这段话，瞬间变得很兴奋，在椅子上变换了好几个坐姿说："那要不咱们以后常见面吧，就跟董女士说的一样，在一起喝白酒。"

张孤单：曹老师这个建议我支持，你们现在就像我的娘家人一样，我也很想定期跟大家见面。

蓝妈妈：可是带领者呢？咱们也邀请他一起来？

这时所有人的眼神都看向带领者。

带领者：我能感觉到大家的热情，每周花一个半小时来到这里参加小组，已经成为你们生活的一部分，现在小组就要结束，这个部分即将消失，大家肯定要花时间适应。对于这种适应的不确定感，会让大家想发展一些社交性的会面，好像你们自己想去研发一种过渡的阶段，然而这里有一个风险，也许后续的社交性会面会改变之前我们之间一些重要、深刻的体验，因为没有带领者的工作和稳定的边界，没有一种相对严肃的对话氛围，这是有风险的。

董英才：我听明白了，就是无论我们怎么邀请，带领者都不会参加我们的聚会是吗？

带领者：是的。另外我想问大家，如果此刻小组真的被平淡控制，感觉失去了关系的自由和活力，我们如何突破呢？

成员们听到带领者的回应，略显失望的同时也在思考带领者后面提出的问题。

过了一会，韩教育说："这也是我害怕的，以后如果我的婚姻关系也在婚后陷入平淡，该怎么破？我想了一下，不如咱们都谈谈离开小组之后有什么计划吧，可以彼此激励。"

听到韩教育这样说，大家眼睛一亮。

许不知首先说："韩女士真是出手不凡，我太同意你的这个建议了。小组结束之后，我计划外出旅游，我想在旅途中重新梳理自己，我已经在这里用心完成了一段旅程，我也想在现实中完成一次旅行，身心合一。"

蓝妈妈：小组结束之后，我想学会弹钢琴和玩网络游戏，我要走入音乐和游戏的世界，就是不知道我这个有点老花的眼睛还行不行。

许不知笑着说："肯定行，我支持你，蓝阿姨。"

高热忱：小组结束之后我要好好写篇文章记录自己在这12轮小组中的心路历程，没准我会写本书，我不要继续玩命让自己有用了，我要诗意地面对自己。

张孤单看着蓝妈妈笑着说："小组结束之后，我要给蓝姐介绍一个钢琴老师，我还要去学拉丁舞，我要把身上每一个情绪的气结打开，我要全身通泰，我要学着爱上自己身体的每一寸。"

许不知咧着嘴说："好肉麻好肉麻。"

张孤单做了一个鬼脸说："老娘乐意！"

大家哈哈笑了起来。

权灵感：小组结束以后，我要亲手给我女朋友做件礼物。

曹人类问权灵感："什么礼物？"

权灵感：还没想好。

曹人类：要不你给她织件毛衣吧。

大家又哈哈笑起来。

权灵感：别笑，我觉得曹老师这个建议很有创意啊，我真的想试试。

董英才：小组结束以后我也想跟高女士一样，写点东西，不过我要写的不是自己，我要为我的父亲写一本传记，我还会争取出版，哪怕没有人买，我也要能看到这本书的人知道我父亲是怎样的一个人，他值得所有人的目光和肯定。

说到这里，董英才的泪水又不听话了。

曹人类：董女士，谢谢你，小组结束之后我也要为爷爷写一本书，豪情柔情都是情，过去当下皆是光。

许不知：曹老师今天诗兴大发。

曹人类：不知道为什么嘴里的话就是追不上我的感觉，有点乱。

带领者：我听到大家对未来的自己都发展了一些承诺，相信未来自己会投入极其重要而有意义的事情和体验中，我想这大概就是希望的感觉吧。小组马上结束了，大家还在平淡中积极努力地发展一种希望感，这也是一种力量。

所有人听到这段话都在点头。

韩教育：我的提议被你们如此需要，我真开心，我也想在小组结束之后跟我的未婚夫去一起做伴侣咨询，我想让我们的关系在专业人士的陪伴下更加深入，也可以更好地了解彼此。我不要让生活先来打磨我们的关系，我要我们一起主动打磨，我不要婚姻变成爱情的坟墓。

权灵感听到这段话后鼓起掌来，说："强烈支持，我要向你学习，我女朋友会穿着我给她织的毛衣和我一起去做伴侣咨询。"

蓝妈妈有点丈二和尚摸不着头脑，幽幽地问："那个伴侣咨询不是有问题才会去的吗？"

带领者：排毒养颜，丰俭由人。

大家都笑起来，蓝妈妈一脸懵懂的表情。

高热忱：蓝姐，带领者的意思是说无论什么样的亲密关系，都需要排毒养颜，要接受什么样的咨询，丰俭由人。

蓝妈妈：我有点明白了，我老以为心理咨询是创可贴，现在看来，也能强身健体。

大家又笑起来。

带领者这时提醒大家："我们还有最后 10 分钟，大家准备如何度过？"

这时蓝妈妈深情地看了许不知一眼，似乎在告别一种母子情；许不知深情地看了权灵感一眼，似乎在告别一种兄弟情；韩教育深情地看了蓝妈妈一眼，似乎在告别一个坏妈妈；曹人类深情地看了带领者一眼，似乎在告别一种理想的组织；董英才深情地看了带领者一眼，似乎在告别一种面对权威的挣扎之情；权灵感深情地看了张孤单一眼，似乎在告别一种对女性痛苦的敬畏之情；张孤单深情地看了许不知一眼，似乎在告别一种留恋于未曾滚烫过的青春之情；高热忱深情地看了董英才一眼，似乎在告别一种无比渴望成功的女性之间的相惜之情。

成员们的目光既投向彼此又互相交叉，像一张电网，传递电流的同时也映照在彼此心底，小组没有失去底层的力量与活力，也好像同时拥有了上层的希望与光芒，浑然一体又彼此独立，他们在用眼睛对话，仿佛时光永远停留在了这一刻。

不知道过了多久，许不知伸出双臂，左边拉起韩教育的手，右边拉起蓝妈妈的手，说："咱们一起手拉着手唱首歌吧。"

　　这时没有人问带领者能不能肢体接触了，大家纷纷拉起手，许不知唱道："一路上有你，苦一点也愿意，就算是为了分离与我相遇；一路上有你，痛一点也愿意，就算这辈子注定要和你分离……"

　　许不知自由地吟唱着，并不张扬激烈，从这首歌的副歌唱起，随性自由地组合着歌词，大家也跟着他的调音轻轻吟唱，所有人的声音像从一张老旧的唱片里流淌出来的一样，苦却不涩，沉却不闷，压抑却不窒息，深情却不泛滥。

　　10分钟，似乎很漫长又似乎很短暂，时间一点一点流过，小组结束的时间到了，带领者说："谢谢大家，结束的时间到了。"组员们不愿意撒手，任泪水在脸上流过，他们拥抱在一起，头靠着头，肩膀挨着肩膀。

　　一路上有你，这句歌词久久地在房间上空飘荡。

　　第十二轮的下半轮至此完结。

　　首先来看小组的内容，小组在下半轮进入了更加深入的融合与分离体验，带领者首先表达了对组员变化轨迹的确认，组员之间更加深入的互动与带领者的扰动激活了组员们对于关系中无意义部分的恐惧（平淡之殇）。小组勇敢地展开了这个话题，带领者及时做了总结与梳理，在使用个人感受和整理小组内容之间不断寻找一种平衡，进而激发了组员们对于未来的自己的一些期待，并在自我灌输希望的过程中制定了符合自我能力的、可执行的行动学习与目标，使小组分离的动力有一部分可以转化为未来可见的目标，小组在结束的时刻发展了回顾与应用关系成果的能力。

其次来看来组员之间的关系。组员在下半轮充分发展了彼此无条件支持与鼓励的氛围，彼此更加确认互为见证者的情感，并互相发展更加具备建设性的对话，投入彼此的未来之中，象征性发展彼此作为恒定性客体的力量，更加深入内化彼此的资源性力量，在最后共唱一首歌的仪式性升华中创造更加具象的小组文化，并使用这种凝聚的力量穿透了死亡与分离的恐惧及宿命感。

最后来看小组的潜意识。小组在上半轮中处于面对悲剧结局和大团圆结局的十字路口，在下半轮面对的则是理智与情感的十字路口，对未来的计划是理智性的，而共唱一首歌是情感性的，小组在分离的部分不断体验着不同层面的分裂和整合、恐惧与希望、当下与未来、情感与理智、维持现状与冒险突破，包括对于设置的突破。没有人喜欢分离，没有人不恐惧死亡，在这个阶段，小组会集体将带领者投射为死亡本身，那么带领者要如何运用这种死亡恐惧的被投射体验并将之转化为小组的资源？你看到了什么？如果是你来主持这次分离，你又会如何做？

在本书结尾，作为作者，我要向这段旅程的所有见证者表达感谢，我知道你们有很多被触动的部分，有很多体验在翻滚。也许你有很多梦，也许你有各种喜怒哀乐，各种仰天长叹抑或低头沉思，这不是一趟很舒服的旅程。重要的是你们坚持了下来，你们在这八个成员身上看到了不同的自己。也许你在这个小组的不断分裂整合中看到了一个更深层的自己，在天地之间驰骋自如，虽有很多重负，但透着果敢与豪迈。

人类的潜意识是一座山峰，可以被忽略，可是，山，就在那儿。